KB154093

남극에
‘운명의 날 빙하’가 있다고?

지구 해양 과학

남성현 글 이크종 그림

남극에 '운명의 날 빙하'가 있다고?

나무를 심는 사람들

프롤로그

처음 이 책의 집필을 의뢰받고 그야말로 뛸 듯이 기뻤어요. 그동안 대학에서 대학생, 대학원생과 소통하고, 대중서나 대중 강연을 통해 일반 성인 독자나 청중과 만나 해양과 지구 미래를 함께 고민할 기회를 얻었지만, 이 책을 통해 미래 이야기에 더욱 공감할 청소년 독자들과 새롭게 만날 수 있을 것이기 때문이지요.

평소 잘 접하기 어려운 독특한 자연 과학 분야인 해양 과학을 대학생이 되기 전부터 접해 보는 것은 앞으로 위기의 지구에서 인류를 구할 미래의 해양 과학자, 여러 해양 전문가들을 먼저 만나 본다는 면에서 큰 의미가 있는 듯해요. 특히 삼면이 바다로 둘러싸여 있고, 북쪽으로는 막혀서 이동이 제한되는 한반도의 남쪽에 사는 우리로서는 바다를 잘 아는 전문가와 해양 과학자가 절대적으로 필요하지요.

이 책이 해양 전문가와 해양 과학자의 꿈을 키우는 청소년들과 해양 리터러시(marine literacy) 교육에 조금이라도 보탬이 되면 좋겠어요. 육지에 살면서 피부로는 잘 느끼지 못하지만, 해양이 어떤 면에서 그리고 왜 중요한지, 해양이 어떻게 작동하면서 우리

삶에 영향을 주는지, 이 책에 실린 40개의 질문과 답변을 통해 해양의 과학적 작동 원리와 전문적인 연구 동향을 공부할 수 있을 거예요.

각각의 챕터에서 다루는 내용을 좀 더 구체적으로 살펴보자면, 1장은 해양 과학이 어떤 학문인지, 해양 과학 탐사는 언제 시작되었는지, 해양 과학이 왜 중요한지 등이 담겨 있어요. 2장은 많은 사람들이 궁금해하지만 아직도 충분히 알려지지 않은 깊은 바다, 심해의 세계를 보여 주고 있지요. 3장부터 5장까지는 본격적인 해양 과학의 세계로 들어가게 됩니다. 해수와 해류, 조석과 파랑 등 가장 기본적이면서도 꼭 알아야 하는 지식이 담겨 있어요. 너무 어렵지 않을까 걱정이 되나요? 오리 인형이 세계 곳곳에서 발견된 이유, 이순신 장군이 명량 해전에서 승리한 까닭 등 흥미로운 에피소드를 해양 지식과 연결시켜 최대한 재미있게 읽을 수 있도록 했어요. 6장과 7장은 해양 오염 사례와 해양 자원을 어떻게 개발할지, 지구 온난화로 해양은 어떻게 변화하는지 등을 다루고 있어요. 기후 위기 시대, 해양 과학을 꼭 알아야 하는 이유를 명

쾌하게 이해할 수 있을 거예요.

이 책을 집필하는 과정에서 해양을 더 잘 알아내기 위해 앞으로 더욱 노력해야겠다고 스스로 다짐하는 계기도 되었어요. 그만큼 해양을 과학적으로 이해하는 일은 예전보다 더 우리 인류에게 중요해졌고, 지속 가능한 발전을 위해 앞으로도 더더욱 해양 과학이 중요하다는 생각이 글을 쓰는 과정에서 확고해졌기 때문이에요.

많은 청소년 독자들과 해양 리터러시에 관심을 둔 일반 독자들이 이 책을 통해 해양 과학을 접할 수 있기를 바라는 마음이에요. 나름대로는 일상 언어로 이해하기 쉽게 풀어 쓴다고 했지만, 그래도 좀 어렵다고 느껴지는 부분이 있는 것은 아닐지 걱정도 있어요. 만약 그렇다 해도 세부적인 내용은 대학에서 전공으로 얼마든지 더 깊고 자세하게 공부할 수도 있는 만큼, 해양이 작동하는 과학적 원리와 중요성을 큰 틀에서 이해하는 데에 주력하면 좋겠어요.

그리고 꼭 지구 과학이나 해양 과학을 전공하지 않더라도 해양 리터러시를 갖춘 미래 시민으로 살아가기 위해 이 책이 조금이라도 보탬이 된다면 저자로서 큰 보람을 찾을 수 있을 것 같습니다. 바다의 과학적 작동 원리를 알아내기 위해 항상 노력하는 해양 과학자들과 출판을 맡아 준 〈나무를 심는 사람들〉에게 깊이 감사드려요.

차례

프롤로그 4

1장

인간과 해양, 그리고 해양학

1 해양학은 바다와 대양을 다루는 학문이라고? 14

2 대양은 얼마나 넓고 깊을까? 20

3 해양 과학 탐사는 언제 시작되었나? 25

4 바다로 먼저 나간 국가가 패권을 차지했다고? 29

5 기후 위기 시대, 해양 과학이 중요한 이유는? 34

해양 탐구의 역사 38

2장

바다와 대양 탐사

6 해양을 탐사하려면 꼭 바다로 가야 할까? 42

7 심해를 탐사하려면 어떤 기술이 필요할까? 47

8 심해에도 생물이 살고 있을까? 52

9 물속에서는 음파를 이용한 탐사를 한다고? 56

심해의 진짜 주인들 60

3장

해양을 채우는 물, 해수

10 다 똑같은 바닷물이 아니라고? 64
11 대서양 바닷물보다 태평양 바닷물이 덜 짤까? 68
12 어떤 해수가 무겁고, 어떤 해수가 가벼울까? 72
13 바닷물의 수온이나 염분이 달라지는 이유는? 76
14 빙하가 만들어지면 왜 심층 해수가 만들어질까? 79
15 깊은 곳의 해수가 표면으로 솟구치는 이유는? 82

4장

해수의 움직임, 해류와 순환

16 오리 인형이 세계 곳곳에서 발견된 이유는? 88
17 해류를 만드는 원동력은? 93
18 해수에는 어떤 힘들이 작용하나? 98
19 바닷물도 나이가 있다고? 103
20 동해를 아는 것이 왜 중요할까? 108
21 동해 심해 바닷물의 나이는? 114

5장

해양의 리듬, 조석과 파랑

22 바다에도 규칙적인 맥박이 있다고? 120

23 바닷물 수위는 얼마나 오르내릴까? 125

24 이순신 장군이 명량 해전에서 승리한 까닭은? 129

25 비바람 없는 날에도 거친 바다를 볼 수 있을까? 134

26 깊은 바닷속에는 파도가 없을까? 138

27 쓰나미가 오면 먼바다로 도망가라고? 143

명량 해전 속 해양학 148

6장

해양 오염과 해양 자원

28 시추 파이프에서 기름이 새어 나왔다고? 152

29 태평양 거대 쓰레기 섬을 어떻게 없앨까? 159

30 바닷속에는 어떤 자원이 있을까? 164

31 심해저 광물 자원을 개발한다고? 168

딥워터 호라이즌호 사고 172

7장

해양과 기후

32 지구 온난화로 해수의 수온도 오르고 있을까? 176

33 기후 변화로 해수면이 상승하는 이유는? 180

34 바닷물은 산성일까, 염기성일까? 184

35 해양 생물은 기후가 바뀌어도 괜찮을까? 188

36 바닷속 미세한 움직임이 거대한 순환을 좌우한다고? 193

37 해양이 기후 조절자로 불리게 된 이유는? 196

38 바다는 어떻게 태풍을 조절할까? 201

39 극심한 한파도 결국 바다 때문이라고? 206

40 남극에 '운명의 날 빙하'가 있다고? 211

인간과 해양,
그리고 해양학

1

해양학은 바다와 대양을 다루는 학문이라고?

지구 과학은 알아도 해양학(oceanography)이나 해양 과학(ocean science)은 못 들어 봤다고요? 자연 과학에는 가장 역사가 짧은, 다시 말하면 가장 늦게 시작된 학문 분야인 해양학이 포함되는데, 이것은 지구 과학 중에서도 특별히 해양만을 대상으로 하는 독특한 학문이에요.

우리가 살아가는 지구에는 기권(atmosphere), 수권(hydrosphere), 지권(lithosphere), 빙권(cryosphere), 생물권(biosphere)이 있고 이들이 상호 작용하여 지구 환경을 만들어요. 최근에는 우리 인간 활동에 따라 지구 환경이 민감하게 변함을 알게 되어 인류권(anthroposphere)과의 상호 작용도 고려한답니다. 그런데 수권을 구성하는 물의 대부분(97% 이상)이 해양에 있으니, 해양을 잘 알아야만 지구 환경도 잘 알 수 있겠지요? 그래서 지구 과학자 중에서도 해양 과학자는 해양에서 일어나는 다양한 자연 현상, 자연 과정을 연구하고 있어요.

》 오대양을 합하면 《 육대륙보다 넓어

해양학을 이해하려면 우선 그 대상인 해양(海洋)이 무엇인지부터 알아야 해요. 여러분은 바다와 대양이 서로 다르다는 점을 알고 있나요? 해양의 해(海)는 바다(sea)를 의미하고, 양(洋)은 대양(ocean)을 의미해서 해양학은 바다와 대양을 다루는 학문이랍니다. 여기서 바다는 동해, 황해, 동중국해, 남중국해, 베링해, 지중해, 아문젠해, 아라비아해 등과 같이 대륙에 인접한 바다를 말해요.

그런데 대륙에 인접하지 않은 아주 먼바다 너머, 대륙과 또 다른 대륙 사이에는 이보다 훨씬 더 넓고 깊은 대양이 있잖아요? 우리 지구에는 태평양, 대서양, 인도양, 북극해, 남빙양(남극해), 이렇게 총 5개의 대양이 있어서 오대양(5개의 대양)이라고 불러요. 오

대양을 합하면 그 면적이 6개의 대륙을 모두 합친 면적보다도 두 배 이상 넓으니까 대륙 사이사이에 대양이 있다고 하기보다 대양 사이사이에 대륙이 있다고 보는 것이 오히려 더 적절할 것 같아요. 사실 해수면 위에 노출된 지구의 육상 부분을 모두 깎아서 태평양에 담가 넣어도 태평양 하나를 다 채우지 못할 정도로 태평양이라는 대양 하나만 고려해도 엄청나게 넓고 깊지요.

해양학은 이처럼 거대한 대상을 다루는 학문이에요. 거대한 해양의 곳곳을 탐사하기 위해 세계 곳곳을 여행하기도 하며, 때로는 거친 파도를 헤치며 먼바다로 나아가고, 또 때로는 호수같이 잔잔한 망망대해에서 바닷바람과 낭만적인 석양을 매일 즐기며 변화무쌍한 바다를 연구하는 것이 해양 과학자의 삶이에요. 어떤 해양 과학자는 해양 환경 시뮬레이션을 위해 슈퍼컴퓨터 등 각종 서버에 접속하고 수치적인 계산 위주로 연구해요. 또 다른 해양 과학자는 배를 타고 실제 바다에 찾아가서 눈으로는 잘 보이지도 않는 깊은 바닷속의 현상을 알아내고자 각종 관측 장비를 수천 미터 수심의 심해까지 투입하는 등 세계 각지의 바다와 대양 탐사를 다니지요.

» 해양학이 가진 «
독특한 매력

자연 과학은 전통적으로 물리학, 화학, 생물학, 지질학 등으로 분류하는데, 해양학에서는 해양을 대상으로 하는 모든 자연 현상을 다루기 때문에 해양의 물리적, 화학적, 생물학적, 지질학적 현상을 다 연구하는 종합 과학 세트와 같아요. 즉, 해양을 대상으로 하는 자연 과학을 전부 다 모은 것이라고 할 수 있습니다. 그래서 해양학은 물리 해양학, 화학 해양학, 생물 해양학, 지질 해양학으로 세분해요.

만약 물리학, 화학, 생물학, 지질학 등의 자연 과학에 흥미가 있는 학생이라면 누구라도 충분히 도전하기 좋은 분야예요. 물리적으로나 화학적으로나 어떤 한 가지 방식의 자연 과학에만 관심이 있어도 그 대상을 해양으로 하기만 하면 누구나 훌륭한 해양 과학자가 될 수 있기 때문이지요. 즉, 전혀 다른 자연 과학적 방법 중 원하는 방법으로 거대한 대상인 해양을 연구할 수 있다는 점도 해양학만의 매력입니다.

해수의 수온이나 열, 에너지와 같은 물리적 특성을 다루거나 해수의 움직임을 의미하는 해류와 순환, 파랑이나 조석과 같은 파동 현상을 다루는 학문은 해양학 중에서도 물리 해양학(해양 물리학이라고도 함)으로 분류해요. 물리 해양학은 물리를 도구로 활용하여 해양의 여러 과정을 물리학적으로 이해하려는 학문이에요.

화학 해양학은 해수를 구성하는 화학적 성분들을 연구하거나, 화학을 도구로 하여 해양의 여러 과정을 이해하려는 학문이지요. 예를 들면, 해수 중 원소들의 분포나, 탄소, 산소, 질소 등의 순환을 파악하려는 학문이 화학 해양학에 해당합니다.

생물 해양학은 해양 생물의 분포, 특성, 분류 등을 다루거나 해양 환경과 상호 작용하는 해양 생물로부터 해양의 여러 과정을 이해하려는 학문이고, 지질 해양학은 해저 지각판에서부터 퇴적 과정, 해안선 변화 등 지질학을 도구로 활용하여 해양의 여러 과정을 이해하려는 학문이에요.

이처럼 해양학은 전혀 다른 성격의 자연 과학을 통해 우리가 살아가는 지구의 거대한 자연인 해양을 이해하려고 하는, 그 자체로 자연 과학을 모두 모은 종합 과학 세트라고 할 수 있어요. 오랜 기간 원대한 해양을 대상으로 계속 연구하면서 세계 각지의 사람들을 만나고 망망대해에서 바다와 대양이라는 자연을 피부로 느끼고 호흡하는 과정에서 생각이 더욱 넓어지고 마음이 너그러워 질 수 있어요. 아마 이것도 해양학만이 가진 독특한 매력이 아닐까 싶어요.

2

대양은 얼마나 넓고 깊을까?

지구에 존재하는 대부분의 물이 모여 있는 해양, 특히 육지로부터 멀리 떨어져 대륙과 대륙 사이에 존재하는 대양은 얼마나 넓으며, 그 수심은 얼마나 깊을까요? 또 이렇게 깊은 심해에 인간이 과연 접근할 수 있을까요?

우리가 사는 지구 표면은 육지보다 해양이 2배 이상 더 넓게 분포하고 있어요. 지구 표면의 3분의 2가 넘는 면적이 해양으로 이루어져 있으며, 태평양 면적만 해도 전 세계 모든 대륙을 합한 면적보다도 넓은 1억 6천 8백만 제곱킬로미터(km²)예요. 태평양 면적은 전체 해양 면적의 절반이 되지 않기 때문에 육지 면적에 비해 전체 해양 면적이 2배 이상 넓다는 것을 쉽게 알 수 있지요?

그런데 해양은 이처럼 넓기만 한 것이 아니라 수심도 엄청 깊어요. 우리가 해수욕장에서 마주하는 바닷가 해안에서부터 점점 먼바다로 갈수록 수심은 깊어지는데, 대양까지 멀리 나가면 수심이 1만 미터가 넘는 마리아나 해구와 같은 곳들도 있어요. 평균적으로도 해양의 수심은 3천 5백 미터가 넘어서 육지의 평균 해발고도 약 8백 미터에 비해 4배 이상 더 깊다고 알려져 있어요. 물론 육지에도 에베레스트산처럼 높은 산 정상은 수천 미터 고도에 위치하지만, 대부분은 1천 미터가 되지 않기 때문에 많은 영역에서 수천 미터 이상의 수심을 가진 해양의 평균 수심보다 육지의 평균 고도가 훨씬 낮은 것이지요.

» 바닷물의 총부피를 « 잴 수 있을까?

이처럼 면적도 넓고 수심도 깊으니, 그 곱으로 추정하는 바닷물의 부피는 어마어마한 규모가 되지요. 해수의 총부피는 13억 세제곱킬로미터(km³)가 넘는데, 이것은 가로, 세로, 높이가 모두 1킬로미터인 정육면체(부피가 1km³) 13억 개에 해당한다는 의미예요. 또 소금기가 있는 해수의 밀도(부피당 질량)는 담수의 밀도보다 커서 평균적으로 1세제곱미터(m³) 부피당 1,025킬로그램(kg), 약 1톤 조금 넘는 무게를 가지는데, 이것은 1세제곱킬로미터(km³)의 부피에 담긴 해수의 질량이 약 10억 톤을 초과한다는 의미예요. 즉, 지구에 담겨 있는 해수의 총질량은 13억 곱하기 10억 톤을 초과한다는 이야기예요.

그럼 이렇게 넓고 깊은 해양 구석구석까지 인간이 접근할 수 있을까요? 비록 비행기처럼 빠르지는 않지만, 배를 타고 바다 위 어디나 다닐 수가 있으니 해양 어디나 접근할 수 있다고 생각하기 쉬워요. 그러나 해상과 달리 빛이 없고 수압이 큰 바닷속, 특히 수압이 매우 큰 심해는 압력을 견딜 수 있는 첨단 기술 없이는 접근이 매우 어렵기 때문에 여전히 인간의 손길이 미치지 못하는 미지의 영역으로 남아 있는 공간이 매우 많아요.

바닷가에 가서 헤엄치거나 스킨 스쿠버 장비를 동원해서 잠수를 해 봤자 인간이 바닷속에 접근하는 수심은 수십 미터에 불과할 뿐, 수백 수천 미터 깊은 바닷속에는 거의 인간이 직접 들어가 볼 수 없어요. 그런데 여기서 '거의'라고 한 것은 이처럼 깊은 심해로 실제로 잠수하여 접근해 본 사람도 있기 때문이지요.

》 목숨 걸고 도전한 《
마리아나 해구 탐사

영화 〈아바타〉, 〈타이타닉〉 등으로 유명한 제임스 카메론 감독은 2012년에 직접 1인 잠수정을 타고 마리아나 해구 1만 1천 미터 심해 탐사에 나서 그 과정을 담은 다큐멘터리 영화 〈딥씨 챌린지(Deepsea Challenge)〉를 제작했어요. 원래 10대 때부터 과학적 미스터리를 품은 미개척지에 대해 남다른 관심을 가져온 카메론 감독은 바다와 우주를 좋아해서 〈타이타닉〉, 〈에이리언 2〉 같은 작품들에 애정을 많이 쏟은 것으로도 유명하지요.

세계에서 가장 깊다는 마리아나 해구 탐사에 목숨을 걸고 도전하기 전에도 그는 3천 미터급 심해에 여러 차례 다녀오기도 했는데, 결국 〈딥씨 챌린지〉 프로젝트를 통해 3번째로 마리아나 해구 심해를 다녀온 사람이 되었어요. 단, 단독 탐사로는 세계 최초를 기록했지요.

그전에는 인류 최초로 1960년에 해양 과학자 자크 피카르와 미국 해군 대위 도널드 월시가 함께 트리에스트호를 타고 마리아나 해구 심해 탐사에 성공했어요. 당시 마리아나 해구와 같은 깊은 심해에는 생물이 없을 것으로 생각했지만 실제로 탐사한 결과 그처럼 깜깜한 심해에도 여러 생명체가 살고 있다는 것을 새로 알게 되었다고 해요.

3

해양 과학 탐사는 언제 시작되었나?

인류는 언제부터 거대한 해양이 작동하는 원리를 과학적으로 탐구하기 시작했을까요? 아니 과학적으로 조사하기 훨씬 전에도 인류가 해양을 이용해 온 것이 아닐까요?

맞아요. 육지에 사는 인류가 바다로 나아가기 시작한 지는 매우 오래되었어요. 폴리네시아 선원들은 기원전부터 태평양의 크고 작은 섬들을 오가는 방법을 터득했고, 고대 그리스와 로마 문명은 지중해라는 바다를 중심으로 발달하였지요. 인류는 오래전부터 바다를 통해 서로 물자를 교역하고, 먹거리를 얻으며, 여유를 누리는 공간으로 사용해 왔어요. 그렇지만 해양을 그저 하나의 '풍경'으로서가 아니라 과학적 '탐구의 대상'으로 여기고 체계적으로 과학적 조사를 시작한 것은 19세기 후반의 일이에요.

그전까지는 대양 항해와 해양 탐사가 거의 상업적, 군사적 목적이었을 뿐, 과학적 목적의 탐사가 이루진 것으로 보기 어려워요. 바이킹을 제외하면 유럽에서 중세 시대만 해도 해양 탐험이 거의 이루어지지 않았지요. 15세기 대항해 시대가 시작되면서 본격적인 해양 탐험과 탐사가 이루어졌어요. 유럽 여러 나라의 많은 배가 전 세계에 진출하고, 항로와 식민지를 개척하며 무역을 활성화한 것이지요.

» 일찍이 나침반을 발명한 중국은 « 스스로 해양과 단절

그런데 사실 대양 항해에 필수적인 나침반은 1200년경 중국에서 유럽으로 전해진 것이었고, 중국의 대양 항해 능력은 유럽보다 훨씬 앞서 있었다고 해요. 명나라 초기 영락 황제의 명으로 정화의 7차에 걸친 남방 항해가 이루어졌는데 매번 약 200척의 선박과 2만 7천여 명의 선원을 동원하며 인도와 아라비아를 거쳐 아프리카 북부 해안까지 다녔다고 해요. 15세기 들어서야 대항해 시대를 열었던 유럽과는 비교할 수 없는 수준이었지요.

그러나 이처럼 해양 진출에 앞장서며 세계의 중심으로 부상했던 중국은 이후 해금(다른 나라 선박이 자기 나라 해안에 들어오는 것을 금함) 정책을 펼치며 스스로 해양과 단절함에 따라 해양 패권 경쟁에서 사라지게 되었어요. 포르투갈에 이어 스페인, 영국, 프랑스 등 유럽 각국이 해양으로 진출하며 크게 발전하고 식민지를 개척한 것과 상반된 방향으로 나간 중국이 이후 쇠락의 길을 걷게 된 것도 어쩌면 해양을 멀리했기 때문이 아닐까 싶어요.

» 챌린저호 탐사, « 해양 과학 탐사의 시작

그럼 상업적, 군사적 목적의 탐사가 아닌 과학적 목적의 해양 탐사는 어떻게 시작되었을까요? 『종의 기원』을 발표하여 진화론을 탄생시킨 찰스 다윈은 비글호의 2차 탐사(1831~1836년)에 참여했어요. 이때도 공식적인 탐사 목적은 해양 내에 배가 잘 다닐 수 있는 길을 찾기 위한 수로 측량이었을 뿐 과학적 조사가 아니었어요. 해양 과학 탐사는 19세기 후반부터 본격화되었는데, 대표적인 것이 바로 챌린저호 탐사(1872~1876년)였어요.

영국 왕립 학회와 영국 해군이 공동으로 챌린저호 탐사 프로젝트를 진행하며 해양 과학자인 찰스 와이빌 톰슨을 과학 대장으로 임명했어요. 그 외에도 화학자, 동물학자, 미술가 등이 선원들과 함께 챌린저호를 타고 무려 3년 반이라는 긴 시간 동안 전 세계 바다를 항해하게 되었지요. 선박 엔진이 없던 당시 이들은 범선인 챌린저호를 타고 바람과 해류를 이용하여 대서양, 인도양, 태평양을 가로지르며 총 12만 5천 킬로미터에 달하는 거리를 항해하고, 인류에게 수많은 과학적 발견과 각종 데이터를 남겼어요. 그야말로 명실상부한 과학적 해양 탐사의 결과였다고 할 수 있는데, 근대 해양학은 바로 이렇게 시작된 것이지요.

4

바다로 먼저 나간 국가가 패권을 차지했다고?

해양을 과학적으로 탐구하는 것이 왜 필요할까요? 해양을 과학적으로 이해하지 않으면 어떤 문제가 있을까요? 반대로 해양을 과학적으로 알아내면 알아낼수록 좋은 점은 무엇일까요?

사실 기원전이나 고대부터 인류가 해양을 이용해 왔다는 것은 본격적인 해양 과학 탐사 이전에도 어느 정도 해양을 과학적으로 이해하고 있었음을 의미하지요. 바닷물이 한쪽으로 지속해서 흘러가는 해류와 바다 위에 부는 바람을 이용하려면 바닷길을 알아야만 했으니까요. 또 먹거리를 더 많이 찾기 위해서 언제 어느 바다에 어떤 해양 생물이 번성하는지 경험적으로 알아냈을 거예요. 해안에서 해일이 발생하여 침수 피해를 받으며 해일이 올 때는 어떻게 대응해야 할지도 배우게 되었을 테지요.

이처럼 해양의 과학적인 작동 원리를 탐구하기 이전에도 인류는 해양을 잘 알아내려고 노력해 왔어요. 그만큼 변화무쌍하고 종종 매우 위험하기도 한 해양으로 나아가서 새로운 기회를 얻기 위해서는 해양에 대한 과학적 이해가 필수적임을 오래전부터 알고 있었다는 거예요.

》해상 주도권을 가진《 나라들

역사를 통해서도 바다를 잘 이해하고 바다로 먼저 나간 국가나 민족이 세계 패권을 쥐게 되었음을 배울 수 있어요. 대항해 시대를 연 포르투갈, 스페인에 이어 영국과 프랑스가 세계 곳곳에 식민지를 개척하며 국력을 과시했지요. 이후 독일과 일본도 바다로 진출하며 패권을 추구했지만, 1, 2차 세계 대전을 치르면서 태평양 전쟁에서 승리한 미국이 오늘날까지 최강대국으로 그 힘을 가지게

되었음을 알 수 있지요.

1차 세계 대전 당시 북해를 장악한 영국은 독일로 가는 모든 항구를 봉쇄했고, 물자를 공급받지 못하여 식량난에 허덕이는 독일의 항복을 받아 내려고 했지요. 이를 돌파하고자 독일이 U보트를 만들어 펼친 작전이 바로 '무제한 잠수함 작전'이에요. 독일은 영국 항구로 향하는 타국의 물자 수송을 막기 위해 사전 경고도 없이 많은 배를 침몰시켰는데, 결국 이것이 미국의 참전을 가져오게 되었지요.

2차 세계 대전 당시 여러 척의 항공 모함을 보유한 일본은 미국 하와이 진주만을 기습적으로 공격하며, 동남아시아와 남태평양 일대를 석권하고 인도와 호주까지 위협할 정도로 서태평양에서 승승장구했어요. 그러나 막강한 해군력을 가졌던 일본도 결국 미드웨이 해전과 필리핀해 해전 등에서 미국에 대패하며 해상 주도권을 상실하게 되었고, 세계 패권은 이때부터 오늘날까지 계속 미국이 가지게 되지요.

최근에는 중국이 막강한 해군력을 바탕으로 중동 여러 국가로부터 석유 수송로 등을 장악하고 빠른 속도로 패권에 도전하고 있죠. 하지만 미국은 여전히 세계 최강국 지위를 지키고 있는데, 이것은 미국이 세계 최고의 해양 과학 수준을 유지하고 있는 점과도 무관하지 않아요.

» 바다를 잘 아는 « 전문가가 필요해

배를 이용해서 바다 건너편 다른 국가와 각종 물자를 교역하거나 기후를 예측하는 것은 물론, 바다로부터 오는 각종 자연재해 피해를 줄이기 위해 해양을 과학적으로 탐구하는 일은 점점 더 중요해지고 있어요. 사람들의 이동은 물론이고 오늘날 대형 선박을 통해 바다를 이용하는 각종 국제 물류의 비중이 매우 크다는 점을 고려하면 물자의 이동에서도 해양을 이용하는 것이 절대적으로 중요해요.

또 각종 수산 자원과 심해저 지하자원 탐사도 활발히 이루어지고 있는데, 안전한 해상 및 수중 활동 혹은 연안 활동을 위한 해양 과학의 역할은 더 커질 것으로 보여요. 해양을 잘 알아야 해군력도 강화돼서 나라를 지킬 수 있는데, 특히 바닷길이 막히면 일주일도 버티지 못하는 한반도 남쪽에 사는 우리나라에서는 더더욱 그렇겠지요. 삼면이 바다로 둘러싸여 있고, 북쪽으로는 막혀서 이동도 제한되는 우리나라는 바다를 잘 아는 전문가와 해양 과학자가 앞으로도 절대적으로 필요합니다.

5

기후 위기 시대, 해양 과학이 중요한 이유는?

인류는 오래전부터 바다로 나아가 상대편과 교역하고, 각종 자원과 물자를 수송하며, 수산 자원을 이용해 왔는데, 오늘날 특별히 인류에게 해양이 더 중요해지는 이유가 있을까요? 과거에 비해 오늘날 해양학의 역할이 더 커졌다면 그 이유는 뭘까요?

해양학을 해양 과학이라고 부르기도 하지만, 사실 해양학(oceanography)과 해양 과학(ocean science)은 그 의미가 약간 다르기도 해요. 둘 다 해양에서 발생하는 모든 자연 과학이라는 의미지만 해양학은 지리적인 면을 더 강조해서 지구상 어느 위치의 해양에서 어떤 자연 현상이 나타나는지를 조사하는 것이라 할 수 있어요. 아직 탐사해 보지 않은 미지의 해양에 접근하여 그곳의 해저 지형이 어떠한지, 어떤 해수가 그곳에 있는지, 그곳에 사는 생물은 어떠한지 등을 조사하는 방식은 해양학이라는 측면에서 강조될 수 있지요.

그런데 해양 과학이라고 표현하면 해양에서 일어나는 다양한 자연 현상, 자연 과정의 과학적 원리를 탐구하는 측면을 더 강조하는 것이라서 전체 해양에서, 혹은 성격이 비슷한 특정 해역에서 보편적으로 나타나는 해양 현상을 탐구하는 측면이 강조될 수 있어요.

» 기후 재난, « 인류가 직면한 최대 위협

해양학은 다른 어떤 자연 과학보다도 가장 늦게 출발한 학문이지만, 인류의 해양 접근성이 향상되면서 매우 빠른 속도로 발전하고 있는 분야입니다. 과거에 비해 인류의 해양 탐사 능력이 향상되어 해양 곳곳에서 새로운 데이터 수집이 가능해진 오늘날에는 해양학이라는 측면보다 해양 과학이라는 측면이 더 중요하게 고려될 수 있는 이유이지요.

더구나 기후 위기가 점점 더 심각해지면서 기후 문제에 제대로 대처하지 않으면 인류의 공멸까지 걱정해야 할 정도로 인류가 직면한 최대 위협이 되었어요. 기후 위기 시대에 해양을 모르면 심각한 기후 재난으로부터 피해를 줄이기가 매우 어려워서 각국은 해양 과학에 대한 투자를 늘리고 있어요. 기후 위기가 심화하며 각종 기상 이변으로 인한 피해가 점점 커질 것으로 우려되면서 기후 위기 완화와 기후 위기 대응을 위해 해양 과학의 중요성이 점점 더 부각되고 있기 때문이지요.

뒤에서 좀 더 자세히 다룰 예정이지만 지구 온난화로 증가한 열의 대부분(90% 이상)을 흡수하고 있는 해양을 빼고는 기후 문제의 본질을 이해할 수조차 없어요. 오늘날 기후 과학자들이 해양 과학의 중요성을 실감할 수밖에 없는 이유입니다.

» 유엔, « ‘해양 과학 10년’을 선언하다

이처럼 과거에 비해 더더욱 인류에게 해양 과학이 중요해짐에 따라 유엔에서 최근 ‘해양 과학 10년(2021~2030년)’을 선언했어요. 이러한 선언은 이번이 처음인데, 그만큼 현시점부터 2030년까지 해양을 과학적으로 잘 이해하는 일이 인류에게 매우 중요하기 때문이에요. 해양의 과학적 원리를 잘 이해하고 기후 위기 등으로 나타나는 전 지구적인 환경 변화의 원인과 결과를 진단하고 예측할 수 있어야만 지속 가능한 발전이 가능하기 때문이지요. 간단히 이야기하면, 위기의 지구에서 인류가 살아남기 위해 해양을 과학적으로 잘 이해하는 일이 급선무가 되었다는 뜻이에요.

해양 탐구의 역사

해양 탐구의 역사는 기원전까지 거슬러 올라갑니다.
저쪽 섬 가 보자
오! 그럴까!
그런데 어떻게 가지?
기원전, 폴리네시아
오앤지 우리 좀 멋진 듯??
완전 쿨해!
섬 사이의 이동을 시작으로
고대 로마 그리스
살 사람 있어요?
물 건너온 물건이야!
우리 돼지랑 바꿉시다!!
해양의 개척은 교역, 문화 교류로 이어졌어요.
우리도 바다에서 방귀 좀 뀌었는데...
한 때 중국은 아프리카까지 항해했다는 기록도 있고요.

대항해 시대를 맞이해
장거리 항해는 말 그대로 전성기!!
식민지를 더 개척하고 싶은데...
MAP
이렇게 쭉~~ 가 봅시다!
WHAT???
뭐가 있을 줄 알고!!
미지의 공간인 해양에 대한 호기심은
챌린저호의 진짜 '탐사'로 이어졌죠.
1872년 12월 출발!
무려 3년 반 동안의 항해!
지구를 세 바퀴 돌 만큼의 거리를 누볐지.
이 탐사에서 무려 5,000여 종의 생물을 발견했다구!
그래서 지금은
물류부터
해상의 연구
해양 과학이 할 일은
아직도 끝없이 많고
나아갈 길도 무궁무진합니다.
해저에서의 연구와
자원 탐사까지.
자, 가 보자고!

2장

바다와 대양 탐사

6

해양을 탐사하려면 꼭 바다로 가야 할까?

해양을 탐사하려면 일단 배를 타고 바다로 나가야 하겠지요? 그런데 꼭 배를 타고 바다로 직접 찾아가야만 탐사할 수 있을까요? 다양한 로봇이 개발되고 있는 오늘날, 사람 대신 무인 로봇이 해양을 탐사하는 것은 어떨까요? 또 지구 주위에 떠 있는 수많은 인공위성에서도 해양을 관찰할 수 있지 않을까요?

해양을 탐사하는 가장 확실한 방법은 당연히 직접 배를 타고 바다로 찾아가는 것이지요. 여행이나 레저 혹은 수산업을 목적으로 하는 배와 달리 해양 탐사와 해양학 연구를 위해 사용하는 배를 특별히 연구선(research vessel) 혹은 조사선이라 불러요. 연구선을 타고 직접 해양 현장에 찾아가서 탐사를 진행하는 방식은 '현장 관측'이라고 해요.

해양 과학자들은 19세기 후반 비글호나 챌린저호 탐사 등을 시작으로 연구선을 타고 현장 관측을 통해 각종 데이터를 수집, 분석하여 과학적 발견을 이어 가고 있어요. 그렇지만 조선 항해 기술이 발달한 오늘날에는 바람과 해류를 이용해서 항해하는 것이 아니라 선박 엔진을 이용하여 이동하기에 예전처럼 몇 년씩이나 지속되는 탐사는 보기 어려워요. 더구나 기술 발전으로 연구선 내에서 최첨단 장비들을 통해 주변 기상 상황과 운항 여건도 살피면서 통신 위성을 통해 지상과도 손쉽게 교신하고, 기상 예보에도 예의 주시하며 안전한 탐사가 가능하지요.

그러나 비행기로는 하루 만에 지구 반대편까지 이동할 수 있는 오늘날에도 여전히 대양 한가운데까지 배로 이동하려면 일주일 이상의 시간이 소요되기 때문에, 해양 과학자들은 대양 탐사를 위해 종종 몇 주 혹은 한두 달 동안 꼬박 배에서 숙식을 해결하며 시간을 보내기도 하지요.

» 다양한 무인 해양 관측 플랫폼이 « 데이터를 수집

그런데 해양 관측 기술이 발전하면서 오늘날에는 꼭 연구선을 타고 직접 먼바다까지 나갈 필요가 없게 되었어요. 직접 탐사하러 바다에 가지 않더라도 한 번 설치 혹은 투하해 두면, 자동으로 계속해서 관측 데이터 수집이 가능한 각종 무인 해양 관측 플랫폼이 개발되었기 때문이지요. 간단하게는 표류병처럼 해수면에 띄워 두고 해류를 따라 돌아다니면서 데이터를 수집, 전송하도록 고안된 표층 뜰개(surface drifters)에서부터 스스로 부력을 조절하며 수심 1,000미터 이상의 깊은 심해로 다이빙했다가 10일 후에 다시 해수면으로 부상하여 그동안 수집한 각종 데이터를 전송하고 다시 다이빙하는 방식의 프로파일링 플로트(profiling floats), 그리고 여기에 날개를 달아 부력과 동시에 자세도 제어하며 원하는 곳으로 다이빙과 부상을 반복하며 이동하는 수중 글라이더(underwater gliders), 파도의 힘을 이용해서 움직이는 파력 글라이더(wave gliders) 등이 그런 예라고 할 수 있지요. 오늘날에는 이처럼 다양한 무인 해양 관측 플랫폼을 통해 연구선이 가지 않는 곳곳에서 해양 관측 데이터가 동시다발로 수집되고 있어요.

» 인공위성을 이용한 « 해양 원격 탐사

최근에는 배 자체를 사람이 타지 않는 무인선으로 만들어 다양한 해양 관측 장비를 장착한 무인선이 스스로 이동하며 데이터 수집을 자동으로 하기도 해요. 또 움직이지 않고 한 자리에 계속 머물러 있으면서 오로지 시간에 따라 변화하는 해양 환경을 측정하도록 고안된 관측 장비도 세계 곳곳의 해저에 설치되어 연속적인 데이터 수집이 이루어지지요. 무인 해양 관측 플랫폼은 다양한 해양 로봇, 무인선 등과 함께 앞으로도 활발히 활용될 거예요.

해양에 직접 배를 타고 찾아가거나 무인 해양 관측 플랫폼 외에도 수많은 인공위성을 이용해서 간접적으로 해양을 탐사할 수도 있는데, 이를 원격 탐사라고 해요. 인공위성 원격 탐사 방식의 해양 관측은 넓은 해양을 동시에 관찰할 수 있는 장점이 있지만 해수면 정보에 국한된다는 단점도 있지요.

최근에는 초소형 위성 개발도 이루어지며 점점 더 많은 신형 위성들이 궤도에 올라가고 원격 탐사 기술도 계속 발전하고 있어서 해양 과학 연구를 위한 원격 탐사의 활용은 앞으로도 더더욱 증가할 것으로 전망됩니다.

7

심해를 탐사하려면 어떤 기술이 필요할까?

배가 잘 다니는 해상과 달리 잠수해야만 접근할 수 있는 수중, 특히 수심이 깊은 심해를 탐사하려면 어떤 기술이 필요할까요? 연구선에서 관측 장비를 아주 깊이 내려서 심해까지 탐사하는 것이 가능할까요?

인간이 직접 접근할 수 없는 심해를 탐사하기 위해 과학자들은 각종 특별한 장비를 만들었어요. 물론 바닷속에서는 전자기파보다 음파가 훨씬 더 효과적이기 때문에 음파를 이용해서 간접적인 심해 탐사를 진행하지만, 연구선에서 줄을 풀어 심해까지 각종 장비를 내리고 올리며 직접적인 관측 데이터를 수집하기도 하지요.

과거에는 연구선에서 깊은 심해에 장비를 내려 수온 등을 측정하더라도 측정된 수온 데이터를 바로 전송할 수 없었으므로, 측정된 수온이 과연 몇 미터 수심에서 측정된 것인지 알기 위해 특별한 장치를 고안해야 했어요. 전도 온도계라는 장비를 고안한 것은 이 때문이에요. 목적하는 수심까지 내린 후에 온도계의 위아래를 서로 역전시키며 수은주의 이동을 차단하고, 연구선의 갑판까지 끌어 올리는 동안 수심에 따라 온도계 외부의 온도는 계속 변화해도 온도계 내부의 수은주가 변하지 않도록 한 것이지요. 이렇게 해야만 갑판까지 끌어 올린 후에 읽는 수은주 온도가 목적했던 수심의 해수 온도, 즉 수온에 해당하니까요.

》로제트 샘플러로《 다양한 수심의 해수를 수집

전도 온도계와 함께 자주 사용되었던 것이 난센 채수기인데, 1920년대 노르웨이 해양 과학자 난센이 고안한 것으로서 드물지만 현재에도 사용되고 있어요. 난센 채수기는 목적하는 수심의 해수를 통에 담는, 즉 채수 용도로 사용해요. 연구선에서 전도 온도

계와 함께 채수기를 목적하는 수심까지 내린 후 채수기에 연결된 로프 혹은 와이어를 통해 메신저라 불리는 장치를 내려보내면 채수기가 위치한 수심까지 메신저가 내려가서 채수기의 위, 아래 마개를 막아 밀봉하도록 고안한 것이에요. 즉, 채수기를 원하는 수심까지 내린 후 메신저를 보내 그 수심의 해수 시료를 수집하는 것이지요.

오늘날에는 매우 정밀한 수온과 전기 전도도(염분을 알아내기 위함) 측정 센서를 사용하는데, 니스킨 채수기라 불리는 채수기 여러 개를 모아 구성한 로제트 샘플러와 함께 이 정밀한 센서를 심해 깊숙하게, 종종 해저면 근처까지 내리고 올리면서 수심별로 수온도 측정하고, 원하는 해수 시료를 수집하고 있어요.

이 센서를 부착한 장비를 연구선 바깥에서 수중 깊숙이 내리는 동안 측정되는 데이터를 과학자들은 연구선 내에서 실시간으로 확인하며 수직적인 수온 구조 등을 관찰하고, 이 장비를 어느 수심에 위치시켜 어떤 채수기를 통해 그 수심의 해수 시료를 수집할지 결정하곤 합니다.

이렇게 여러 수심에서 서로 다른 채수기에 수집한 해수 시료는 연구선의 갑판으로 끌어 올린 후 연구실 혹은 육상의 실험실에서 정밀하게 분석하여 해수에 녹아 있는 다양한 물질과 생물 및 무생물 연구에 활용하게 됩니다. 용존 탄소, 용존 산소, 영양염, 플랑크톤, 퇴적물 입자 등의 수직적인 분포를 파악하고, 센서로 측정한 수온, 염분 등의 물리적 특성과도 비교하지요.

» 암흑 속 심해저를 « 탐사하는 센서들

여기서 더 나아가 무인 해양 관측 플랫폼에 부착된 센서를 통해 전 세계 바다 곳곳을 스스로 이동하거나 정해진 위치에 부착되어 각종 데이터를 수집하도록 활용하기도 해요. 그중에는 심해저에 부착된 채 심해에서의 환경을 지속적으로 기록하는 센서들도 있지요.

심해는 빛이 없어 보이지도 않고 무엇보다 수압이 극단적으로 커서(우주는 0기압, 지표면은 1기압, 마리아나 해구와 같은 심해저는 1,000기압 이상) 장비를 설치하기도 매우 어렵지만, 설치된 장비에 기록된 데이터를 전송받는 것 역시 쉽지 않아요. 수중에서는 전파를 이용하여 멀리까지 무선으로 통신하기 어려우므로 대기 중에서보다 수중에서 더 효율적인 음파를 사용하지만, 음파는 해수의 물리적인 특성에 따라 심하게 굴절하기 때문에 수중 통신은 아직 육상 통신에 비해 제약이 훨씬 큰 편이에요. 즉, 바다 표면에 떠올라야만 인공위성 등을 통해 측정된 데이터를 잘 전송할 수 있게 된다는 의미입니다.

8

심해에도 생물이 살고 있을까?

마리아나 해구와 같은 심해에도 생물이 살고 있을까요? 과연 심해에는 무엇이 있을까요? 심해는 어떤 환경이며, 만약 심해에도 생물이 산다면 어떻게 그런 환경에 적응해서 살아갈 수 있을까요?

불과 19세기까지만 하더라도 해수의 압력(수압)이 매우 크고 수온이 낮은 심해에는 생물이 전혀 살 수 없는 환경이라 생각했어요. 이 심해 무생물 가설이 깨진 것은 바로 19세기 후반의 챌린저호 탐사를 통해서였어요. 이 탐사에서 심해 해수 시료를 얻고 생물 채집을 통해 척박한 심해 환경에서도 다양한 생물이 살고 있음을 처음으로 알게 된 것이지요. 전 세계 해양 125,000킬로미터를 탐사하며 7,000여 종의 생물 표본을 수집했던 이 챌린저호 탐사 수집 데이터로부터 과학자들은 무려 5천 종 이상의 새로운 생물종을 발견했어요.

» 심해는 지구에 숨은 « 또 다른 외계

첨단 과학 기술이 발달한 오늘날에도 심해에 얼마나 많은 생물이 살고 있는지 다 알아내지 못할 정도로 심해는 여전히 미지의 영역으로 남아 있어요. 어쩌면 우주보다 더 미지의 영역, 인류의 마지막 개척지가 바로 심해라고 할 수 있지요. 제임스 카메론 감독이 〈딥씨 챌린지〉를 제작할 정도로 심해에 애정을 쏟은 이유도 바로 이 때문이에요. 심해와 같은 극한 환경에서의 탐사 기술 개발은 의외로 우주 연구에도 도움이 된다고 합니다. 우주 기지 건설 역시 극한 환경에서 이루어지니까요.

영국의 유명한 시인 윌리엄 쿠퍼는 "존재를 증명하지 못했다고 해서 이것이 존재하지 않음을 증명한 것은 아니다(Absence of proof is not proof of absence).”라고 했어요. 심해와 같은 미지의 세계는, 우리가 아직 시도해 보지 못한 점이 많고 잘 알아내지 못했을 뿐, 아무것도 존재하지 않는 세계라고 오해해서는 안 되겠지요?

심해 생물은 새로 발견될 때마다 절반 이상이 미확인 생물이라고 하는데, 그만큼 새로운 생물종이 많은 것이지요. 과학자들은 심해 생물을 3천만 종 이상으로 추정하는데, 육상이나 연안 바다에서 확인된 생물이 140만 종이라고 하니, 심해는 가히 지구에 숨은 또 다른 외계라고 할 수 있어요.

» 심해에 사는 « 생물의 특징은?

지금까지 알려진 심해어를 통해 심해라는 극한 환경에 적응하는 생물의 특징을 살펴볼 수 있어요. 이들은 대부분 빛이 차단된 어두운 곳에서 살기 위해 발광 기관을 가지고 있어서 스스로 빛을 낼 수 있고, 눈이 아예 퇴화한 경우가 많습니다. 먹이가 별로 없어서 한꺼번에 많이 먹고 저장해 두기 위해 입과 위가 매우 큰 생물들을 볼 수 있으며, 잘 움직이지 않고 먹이를 기다리는 것이 더 효율적이라 근육이 대부분 퇴화한 경우도 많다고 해요. 또, 신진대사는 낮추고 오랜 기간 먹지 않아도 잘 버틸 수 있도록 지방이 많으며, 몸집은 대왕오징어 등의 예외적인 경우를 제외하면 대체로 작고 괴상한 생김새를 보입니다.

인류의 빠른 과학 기술 발전 속도에 비추어 볼 때 머지않은 장래에 심해에 대한 접근성도 크게 높여 베일에 싸인 심해의 과학적 진실들을 하나씩 밝혀내기 시작할 거예요. 심해에 사는 다양한 생물들(대부분은 아직 발견되지도, 이름이 붙여지지도 않은!)은 그곳에서 어떤 생활을 하고, 왜 그런 특수한 환경에서 사는 것인지, 그곳에 적응하기 위해 어떻게 하고 있는지, 기후 변화와 인간의 활동으로 심해 환경은 어떻게 변하는 중이며, 이에 따라 심해 생태계는 어떻게 바뀌어 가는 중인지 등등 심해는 여전히 답변보다는 질문이 훨씬 더 많은 영역임이 틀림없지요.

9

물속에서는 음파를 이용한 탐사를 한다고?

"열 길 물속은 알아도 한 길 사람 속은 모른다."는 속담이 있는데, 그만큼 사람의 속마음을 알기 어렵다는 뜻이지요. 여기서 '열 길'이라고 할 때 '길'은 길이를 재는 단위로 '한 길'은 일반적으로 사람 한 명의 키에 해당해요. 그러니 '열 길'은 10명 정도의 키에 해당하는 깊이라고 할 수 있어요. 그럼 우리 인류가 과연 10명 정도의 키에 해당하는 깊이의 바닷속 세상을 정말 잘 알고 있을까요?

굳이 심해가 아니더라도 수심 10미터, 20미터, 30미터 깊이로 잠수하게 되면 빛이 점점 사라져 아무것도 보이지 않는 암흑 속 세상이 되어 버려요. 이처럼 암흑 같은 바닷속에서 벌어지는 현상을 알아내려면 어떻게 해야 할까요?

수중에서는 빛(전자기파)보다 음파가 더 효율적이기 때문에 전자기파를 주로 활용하는 대기 중에서와 달리 수중에서는 음파를 이용한 탐사가 훨씬 더 활발하지요. 음파는 공기 중에서 전파하는 속도(약 340m/s)보다 수중에서 전파하는 속도(약 1450m/s)가 몇 배나 빠르므로 깜깜한 해양 내부에서는 종종 음파를 활용해서 탐사가 이루어져요.

예를 들면, 연구선에서 수중으로 음파를 쏘면 해저 면에 반사되어 되돌아오는 시간이 해역에 따라 달라지는데, 수심이 얕은 곳보다 수심이 깊은 곳에서 그 시간이 더 오래 걸리기 때문에 음파를 이용하면 그 해역의 수심을 정밀하게 알아낼 수 있지요.

》 음파를 이용하는 《 소나 기술

음파의 전파 속도, 즉 음속은 해수의 수온, 염분, 압력에 따라 100m/s(초당 미터) 내외의 큰 변화를 겪어서 해양 내부에는 음속이 매우 빠른 곳도 있고 반대로 매우 느린 곳도 있어요. 이렇게 공간적으로 음속의 차이가 발생하면 음파가 심하게 굴절하기 때문에, 대기 중에서 모든 방향으로 곧장 전파하는 전자기파를 이용하는 레이더와 달리, 해양 내부의 음파를 이용하는 소나(SONAR; Sound Navigation and Ranging)는 공간적인 음속 구조를 이해해야 더 잘 활용할 수 있지요. 레이더에 비해 소나 기술이 훨씬 어려운 이유도 수중에서 음파가 똑바로 전파하지 않고 이처럼 계속 굴절하기 때문이에요.

바다 위뿐만 아니라 바닷속에서도 다양한 작전을 전개해야 하는 해군은 소나 기술을 매우 중요하게 취급하는데, 음속이 해수의 물리적 특성에 따라 심하게 굴절하니 해수의 물리적인 특성을 모르면 소나 기술 활용이 어려워집니다. 미 해군을 비롯한 각국 해군이 해양학을 중시하여 각종 해양 환경 연구 개발에 투자를 집중하는 이유도 바로 소나 기술을 잘 활용하기 위한 측면이 크지요.

수중 해양 환경을 잘 알면 알수록 해군 함정이나 잠수함에서 상대방을 탐지할 수 있으면서 반대로 상대로부터 탐지당하지 않을 수 있게 됩니다. 여러 음원으로부터 온갖 종류의 음파가 발생 및 전파하는 과정에서 해양 환경에 따라 굴절과 반사로 인해 복잡한 수중 음향 신호를 만들어 내지요. 앞이 하나도 보이지 않는 깜깜한 수중에서 작전을 펼치는 잠수함 함장에게 잠수함 소나에 시시각각 기록되는 데이터와 이를 처리하는 기술은 임무 달성 여부뿐만 아니라 승조원들의 생사와 운명까지 결정한다고 볼 수 있습니다.

심해의 진짜 주인들

인류에게 바닷속은 여전히 멀고 먼 곳이에요.

그렇다면 인류는 잠시 들르는 게 고작인, 멀고도 깊은 심해의 진짜 주인들은 누가 있을까요?

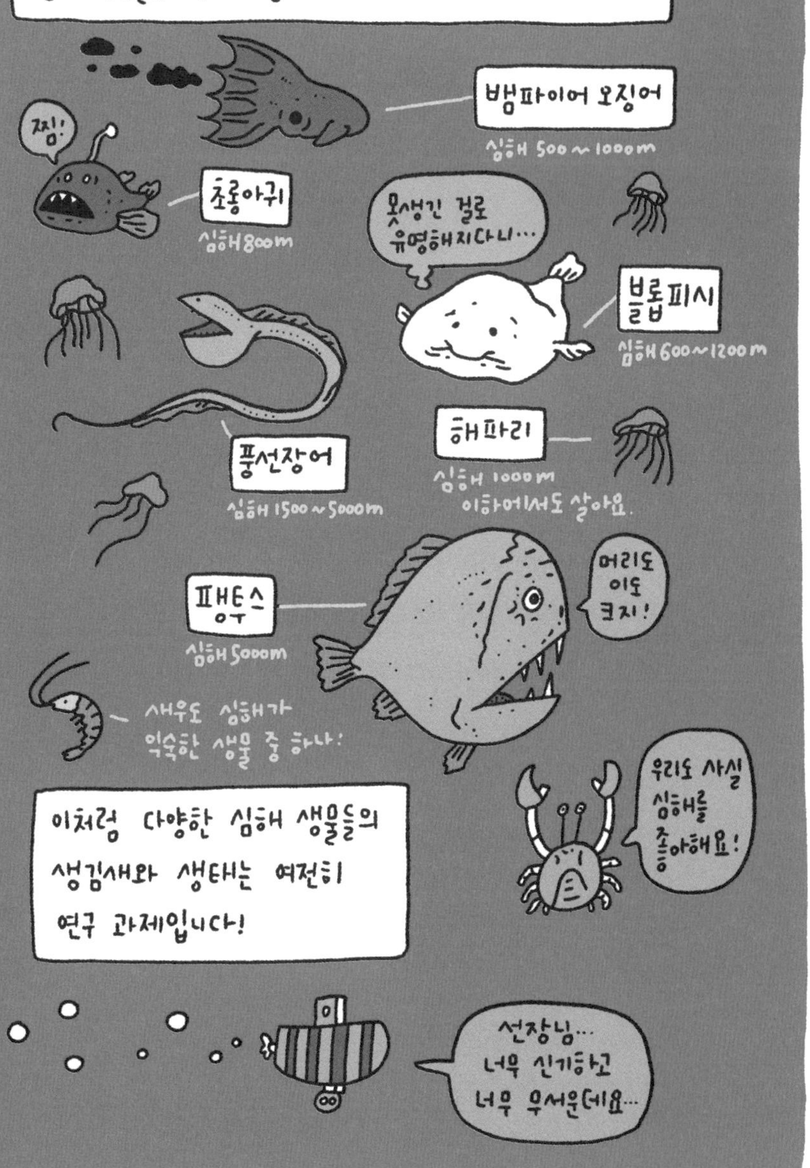

해양을 채우는 물, 해수

10

다 똑같은 바닷물이 아니라고?

바닷물인 해수가 민물인 담수와 가장 다른 점은 바로 소금기가 있어 짜다는 점이에요. 그런데 드넓은 해양을 채우는 해수가 언제 어디에서나 모두 똑같은 특성을 보일까요? 해양 곳곳에서 해수의 온도가 다른데, 시시각각 변화하기도 하고, 짠 정도에도 차이가 있어요. 그러니 서로 다른 특성을 가진 해수가 모여 있는 것으로 볼 수 있습니다.

서로 다른 특성의 해수는 수온과 염분이라는 물리적 특성뿐만 아니라 녹아 있는 탄소, 산소, 영양분 등 여러 화학적 특성에서도 뚜렷한 차이를 보이지요. 이렇게 특성 차이가 서로 뚜렷하고 그 생성 기원이 다른 해수의 덩어리를 수괴(water mass)라고 하는데, 과학자들은 해양 곳곳에서 발견된 다양한 수괴에 이름을 붙여 부르고 있어요. 즉, 여러 다른 이름으로 불리는 수괴마다 고유한 저마다의 수온, 염분, 용존 산소 등의 특성을 유지하며 서로 다른 장소에서 서로 다른 시간에 발견되고 있지요.

» 해수의 덩어리 수괴는 « 저마다의 특징을 보여

예를 들면, 그린란드 부근에서 무거워진 해수가 심층으로 가라앉아 만들어진 후 대서양 내에서 남쪽으로 서서히 이동하는 심층 수괴는 '북대서양심층수'라고 불리며, 남극 대륙 부근에서 무거워진 해수가 가라앉아 만들어진 후 대서양, 인도양, 태평양의 가장 깊은 해저면 부근에서 북쪽으로 확장하고 있는 수괴는 '남극저층수'라고 불려요. 북대서양심층수는 염분이 높은 특징이 있고, 남극저층수는 이에 비해 염분이 낮으며 수온도 매우 낮은 특징을 보여 서로 구분되지요.

남극 대륙 부근에서는 남극저층수만 생성되는 것이 아니라 '남극중층수'라는 수괴도 생성되어요. 남극중층수는 밀도가 상대적으로 작아 중층에 위치하고, 남극저층수처럼 해저면 가까이 제

일 깊은 수심에 위치하는 것은 아니에요. 그린란드 부근에서 생성된 후 대서양 심층에서 남쪽으로 확장하는 북대서양심층수가 남극중층수 및 남극저층수와 만나면 이 두 수괴의 사이에 위치하게 되지요. 과학자들은 대서양 심층에서 수심이 점점 깊어짐에 따라 3개의 서로 다른 심층 수괴(남극중층수, 북대서양심층수, 남극저층수)가 순서대로 배치되어 분포하는 점을 발견했어요.

» 우리나라 주변에 있는 « 수괴는?

우리나라 주변 바다 중에도 수심이 매우 얕은 황해 저층에는 '황해저층냉수'라 불리는 수괴가 있으며, 수심이 깊은 동해의 심층은

'동해중앙수', '동해심층수', '동해저층수'로 불리는 수괴들로 채워져 있어요. 동해중앙수, 동해심층수, 동해저층수와 같은 심층 수괴들은 동해 북부 해역에서 생성되어 수심 1,000미터 아래의 깊은 심해에 존재한다고 알려져 있어요. 이런 수괴들이 언제 어디에서 얼마나 그리고 어떻게 생성되어 어떻게 이동하는지, 또 기후가 변화함에 따라 특성이 어떻게 변화하고 있는지 등 많은 연구가 진행되고 있어요.

수심이 깊을 뿐만 아니라, 태평양과는 폭이 좁고 수심이 얕은 해협들을 통해 제한적으로만 연결되어 있어 자체적으로 생성되는 독특한 수괴들을 가진 우리 바다 동해에는 이처럼 다양한 수괴들이 심층까지 분포하고 있어요. 이들이 어떤 특성을 가지고 어떻게 순환하는지 알아내는 것은 동해에서 해수와 물질이 어떻게 순환하며 기후와 생태계를 조절하고 있는지 이해하기 위한 가장 근간이 되는 기초 연구라고 할 수 있어요.

11

대서양 바닷물보다 태평양 바닷물이 덜 짤까?

해수의 염분이 일정하지 않은 것은 알겠는데, 그럼 어디에 있는 해수가 더 짜고 어디에 있는 해수는 덜 짠 것일까요? 염분을 높게 하거나 반대로 낮게 만드는 요인은 무엇일까요?

일단 염분이 높아지려면 해수의 증발이 활발하거나 강수(비나 눈)가 적어 담수의 유입이 적어야 하겠지요? 지중해나 홍해와 같이 건조하고 증발량이 많은 바다에서 염분이 높은 해수가 발견되는 것이 이런 이유 때문이에요. 이렇게 증발이 활발한 지중해에서 생성된 수괴는 '지중해수'라고 부르는데, 지중해수가 지브롤터 해협을 통해 대서양으로 유출되면 중층의 깊은 수심으로 가라앉게 되는 것도 염분이 높아 밀도가 상대적으로 크기(무겁기) 때문이에요.

» 염분이 낮아지거나 « 높아지는 이유

열대 해역은 북반구와 남반구의 무역풍이 서로 수렴하면서 상승 기류가 우세하고 비가 잘 오기 때문에 염분이 낮아지기 쉬워요. 또 편서풍과 편동풍이 수렴하여 상승 기류가 우세한 고위도(북위 60도와 남위 60도 부근) 해역에서도 비나 눈이 오기 쉬워 상대적으로 염분이 낮은 특성을 보이지요. 육지에 내리는 비는 강이나 지하수를 통해 바다로 유출되는데, 강물이 바다로 유출되는 강 하구역에는 담수와 섞이면서 해수의 염분이 낮아지게 되지요.

극지 해역에는 해빙(바다의 빙하)이 존재하는데, 해빙이 녹거나 육상에 있던 빙하가 떨어져 나오고 바다로 유출되며 녹을 때에도 담수가 늘어나므로 염분은 낮아져요. 반대로 해빙이 새로 생성될 때는 소금기가 빠져나오며 주변 해수의 염분이 높아지게 되지요.

물론 이외에도 염분이 높은 수괴(고염수)와 염분이 낮은 수괴(저염수)가 해류를 따라 이동하면서 원래 있던 해수와 섞이면서 염분을 높이거나 낮출 수 있어요. 수괴의 경계 부근에서는 서로 다른 수괴가 섞이면서 혼합되어 그 특성이 변할 수 있지만, 수괴의 중심부에서는 고유의 특성을 유지하며 이동하기 때문에 고염수가 흘러오면 그 해역의 염분이 증가하고, 저염수가 흘러오면 그 해역의 염분이 감소하게 되지요.

》 대서양, 인도양, 태평양 순서로 《 염분이 낮아져

그린란드 부근에서 새로 생성되는 북대서양심층수는 염분이 매우 높은 특성을 가지는데, 이것은 이 결빙 해역에서 해빙이 잘 만들어지는 것과 관련이 깊어요. 북대서양심층수가 대서양 심층에서 남쪽으로 이동하여 염분이 낮은 남극중층수나 남극저층수를 만나 서로 섞이게 되면 염분이 점점 낮아지게 되지만, 그렇게 되기까지는 매우 오랜 시간이 걸리므로 오랜 기간 고염수의 특성을 유지하며 남극 대륙 부근까지 이동하게 되지요. 또 지중해로부터 대서양으로 흘러나온 지중해수 역시 고염수의 특성을 가지므로 대서양에 존재하는 해수는 전반적으로 염분이 높은 편이에요.

반면, 태평양에서는 고염수가 잘 공급되지 않고 상대적으로 염분이 낮은 남극중층수와 남극저층수, 그리고 상대적으로 염분

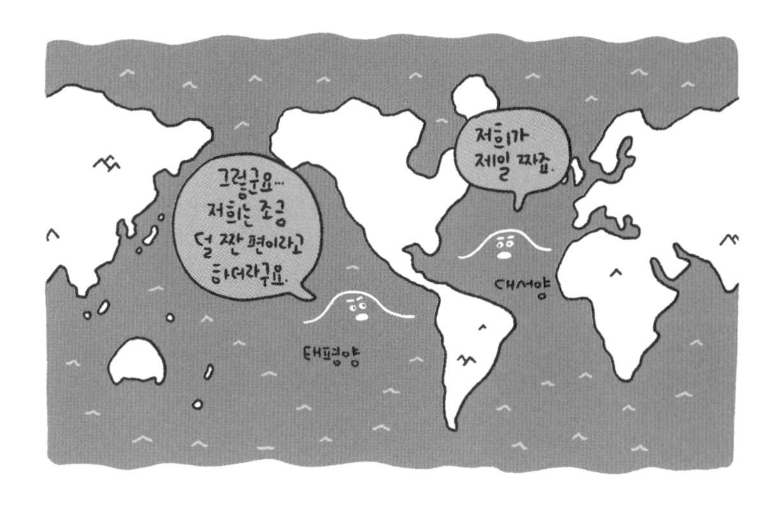

이 높으나 북대서양심층수보다는 염분이 낮은 '환남극심층수'라는 수괴가 '태평양심층수'라는 저염수와 대부분의 영역을 차지하므로 전반적인 해수의 염분이 낮은 편이에요.

인도양 심층은 '인도양심층수'로 채워져 있는데, 태평양의 경우와 마찬가지로 환남극심층수와 인도양심층수가 대부분의 영역을 차지하므로 전반적인 염분이 대서양에 비해서는 낮은 편이에요(단, 태평양에 비해서는 높음).

이처럼 광활한 해양 내에서 염분이 서로 다른 수괴가 서로 다른 해역을 차지하면서 대서양, 인도양, 태평양 순서로 염분이 낮아지기 때문에 대서양 바닷물보다 태평양 바닷물이 덜 짜다고 할 수 있지요.

12

어떤 해수가 무겁고, 어떤 해수가 가벼울까?

사람도 제각각 몸무게가 다른 것처럼 해수의 무게도 다 같은 것이 아니에요. 서로 다른 해수는 자기만의 고유한 무게를 가지고 있지요. 그럼 어떤 해수가 무겁고, 어떤 해수가 가벼울까요? 해수를 무겁게 만드는 요인은 뭘까요?

어떤 해수가 더 무거운 것인지를 알아보려면 우선 부피를 서로 일정하게 맞춘 상태에서 비교해야만 공평하겠지요? 단위 부피의 질량을 밀도로 정의하는데, 해수의 밀도는 1.020~1.030g/cm^3 혹은 1020~1030kg/m^{3}의 범위를 가지며, 이것은 가로, 세로, 높이가 1미터인 정육면체 통(부피 1m^3)에 해수를 가득 담았을 때 그 질량이 1톤(1000kg)보다 20~30kg 정도 더 무겁다는 뜻이에요. 순수한 물(담수)은 섭씨 4도일 때 가장 무거워서 같은 정육면체 통에 가득 담았을 때 정확히 1톤의 질량을 가지게 되니까(밀도는 1.000g/cm^3 혹은 1000kg/m^3), 순수한 물보다 해수가 더 무겁다는 것을 알 수 있지요? 바로 소금기(염분) 때문이에요.

» 짜고 찬 해수가 « 무겁다

해수는 소금기가 없는 담수보다 부피 1m^{3}당 20~30kg 더 무거우므로 강에서 바다로 흘러가는 담수는 바다에 들어와서 해수를 만나면 해수 위에 뜨게 되어 수심이 얕은 해양 표면(해표면)에 위치하게 되지요. 비슷한 원리로 바다 위에 비가 내려도 담수인 빗물은 해수보다 가벼워 잘 가라앉지 않고 해수면 바로 부근에 위치하게 됩니다.

물론 담수와 해수가 만나 서로 섞이면 더는 순수한 담수가 아니라 소금기가 있는 해수로 변하는데, 이때 조금이라도 소금기가 더 많은(염분이 더 높은) 해수일수록 더 밀도가 크고 무거우므로 상대적으로 더 깊은 수심에 위치하게 되지요. 즉, 여기서 염분이 증가할수록 해수의 밀도가 증가하는 원리를 알 수 있어요.

해수의 밀도를 결정하는 요인이 염분만 있는 것은 아니에요. 온도(수온)에 따라 그 밀도가 변화하는 담수처럼 해수도 수온에 따라 밀도가 변하는데, 해수는 그 수온이 낮을수록 밀도가 증가합니다. 담수는 섭씨 4도 이상에서만 수온이 낮을수록 밀도가 증가하고, 섭씨 4도 이하에서는 수온이 낮아질 때 밀도가 오히려 감소하는데, 해수는 그 어는점(염분 때문에 담수의 어는점보다 낮아 영하 2도에 가까움)에 이를 때까지 계속해서 수온이 낮을수록 밀도가 증가하는 특성이 유지되지요. 물론 얼음으로 되는 순간부터는 상태가 액체에서 고체로 변하는데, 얼음의 밀도는 해수나 담수의 밀도보다 훨씬 작아서 가라앉지 않고 해상에 둥둥 떠 있게 됩니다.

종합하면, 염분이 높을수록 그리고 수온이 낮을수록 해수의 밀도가 증가하는 결론을 얻을 수 있어요. 즉, 짜고 찬 해수가 덜 짜고 따뜻한 해수보다 무겁다는 것이지요.

》 심층 해수가 《 잘 만들어지는 환경

그린란드 인근 해역이나 남극 대륙 연안 해역과 같은 고위도 해역은 기온이 낮아(겨울에는 해표면 수온보다 기온이 종종 더 낮음) 해양이 대기로 열을 빼앗기기 쉬운 환경이에요. 특히 강풍이 부는 곳에서는 더욱 열 손실(해양에서 대기로의 열 공급)이 크고, 이처럼 해표면 냉각이 활발하면 해표면 수온이 감소하므로 해수가 차가워지겠지요? 따라서 염분이 일정하게 유지될 때, 활발한 냉각이 일어나는 곳에서는 해수가 무거워져서(밀도 증가) 심해로 가라앉는 심층 해수가 새롭게 만들어질 수 있어요.

수온이 일정한 경우에도 만약 염분이 증가하게 되면 밀도가 증가하고 무거워지므로 심층 해수가 생성될 수 있겠지요? 예를 들면, 지중해처럼 건조하고 비가 잘 내리지 않으며 해수가 잘 증발하는 곳에서는 염분이 증가하기 때문에 매우 짜고 무거운 해수가 만들어져, 지중해로부터 대서양에서 흘러나오면서 깊은 곳으로 가라앉기도 하지요.

또, 바다의 빙하인 해빙이 만들어지는 결빙 해역에서도 얼음이 만들어질 때 빠져나오는 소금기가 주변 해수의 염분을 증가시키기 때문에 밀도가 증가하며 심층 해수가 잘 만들어질 수 있어요. 결빙 해역은 냉각도 활발하니까 수온이 낮아지면서 더 무거워지므로 더더욱 심층 해수가 잘 만들어지겠지요? 이런 여러 이유로 표층 해수가 일단 무거워지면 심층 해수를 새롭게 생성하기 때문에 심층 해수는 곳곳에서 계속 새로 채워지고 있어요.

13

바닷물의 수온이나 염분이 달라지는 이유는?

날씨에 따라 매일매일 기온이 변하고, 아침과 저녁 사이에 기온이 큰 폭으로 오르내리는 것처럼 해수의 수온도 시시각각으로 변하고 있을까요? 그럼 해수의 염분은 어떨까요? 해수의 수온이나 염분이 시간에 따라 계속 변화한다면 그 이유는 무엇일까요?

해양과 대기는 서로 맞닿아 있으면서 해수면을 통해 열과 담수를 주고받아요. 해양이 대기로부터 열이나 담수를 공급받을 때도 있고 반대로 열이나 담수를 대기에 공급해 줄 때도 있어요. 예를 들면, 구름 한 점 없이 맑은 하늘에서 태양 복사 에너지가 그대로 해양에 흡수되고, 대기의 기온이 해수의 수온보다 높은 환경에서는 대기로부터 해양으로 열이 이동하지요. 이때 해수가 가열되며 수온이 증가하게 되어요.

반대로 구름이 많아 태양 복사 에너지가 해수면에 잘 미치지 못하거나 차가운 대기가 따뜻한 해상에 위치하여 해수의 수온보다 대기의 기온이 낮은 환경에서는 해양으로부터 대기로 열이 이동하기 때문에 해수가 냉각되며 수온이 감소하게 되어요. 낮이나 여름철에는 해수면 가열이 더 우세하고 밤이나 겨울철에는 냉각이 더 우세한 것도 그런 이유 때문이지요.

» 해양과 대기는 « 열과 담수를 주고받아

강수 현상에 따라 해상에 비나 눈이 내리거나, 해양과 육상이 서로 맞닿아 있는 연안에서 강이나 지하수를 통해 담수가 해양으로 유입되는 환경에서는 염분이 감소하지요. 반대로 증발이 활발하거나 해빙이 형성되며 담수가 해양에서부터 유출되는 환경에서는 염분이 증가하겠지요? 우리나라 주변 해역과 같이 겨울에는 건조하고 여름에는 다습한 몬순 기후에서는 강수량의 계절 변동

이 매우 크므로 강수량이 적은 겨울철에는 염분이 증가하고, 강수량이 많은 여름철에는 염분이 감소하는 염분의 계절 변동 역시 커지게 되지요.

이처럼 해수의 수온과 염분은 늘 일정하게 유지되는 것이 아니라 대기 및 육상과 맞닿아 있으면서 서로 열과 담수를 교환하는 정도에 따라 끊임없이 변화해요. 그러나 해수면과 연안을 벗어나면, 대양 한가운데 깊은 수심의 심해에서는 대기나 육상의 영향을 거의 받지 않으므로 해수는 일정한 수온과 염분을 장기간 유지하며 고유의 수괴 특성을 유지하지요. 서로 다른 해수를 구분하고 각각에 고유한 이름을 붙일 수 있는 것은 바로 이러한 이유 때문이에요.

14

빙하가 만들어지면 왜 심층 해수가 만들어질까?

빙하가 만들어지거나 반대로 녹을 때 주변 해수의 염분은 크게 변화할 수 있어요. 그럼 염분이 크게 바뀔 때 어떤 일이 일어날까요? 염분이 높아지면 밀도를 증가시켜 심층 해수를 생성할 수 있겠지요.

해수가 얼어서 해빙이 만들어지는 결빙 해역에서는 해빙이 만들어질 때 빠져나오는 소금에 의해 주변 해수의 염분이 증가하며 무거워지므로(밀도 증가), 심해로 가라앉으며 심층 해수가 생성될 수 있어요. 이를 '염분 방출' 과정으로 부르는데, 이것이 바로 북대서양심층수와 남극저층수가 생성되는 주요 메커니즘이지요.

그린란드 인근 해역에서는 해수면 부근의 해수가 차갑게 냉각되어 결빙하는 과정에서 해빙이 잘 형성되고, 염분 방출로 인해 해수면 부근 해수의 염분이 높아져 밀도가 증가하고 북대서양심층수가 생성되는 것으로 알려져 있어요. 또, 남극 대륙 주변 연안에서도 비슷하게 염분 방출로 인한 고염수 생성이 활발하고, 고염분의 무거운 해수가 남빙양 심해로 가라앉아 공급되면서 몇몇 해역에서 남극저층수를 생성하지요.

» 염분 방출, « 해수면 냉각으로 수괴 생성

이처럼 수온이 일정한 상태에서 해수의 염분이 증가하면 밀도가 증가하므로, 결빙 해역에서는 염분 방출에 따른 고밀도의 수괴가 잘 생성되고, 이것이 심해로 가라앉아 심층을 채워 주는 염분 방출 메커니즘이 중요한 심층 해수 생성 방식 중 하나예요. 그런데 염분 변화가 없더라도 결빙 해역에서는 차가운 대기에 의해 해수면 냉각이 우세하므로 수온이 감소할 수 있겠지요? 일정한 염분의 해수에서 그 수온이 감소하면 밀도가 증가하므로 결빙 해역에서는 염분 방출뿐만 아니라 해수면 냉각에 따른 고밀도의 수괴 생성도 활발하게 나타나고 있어요.

》지구 온난화로《 심층 해수 생성이 어려워져

고위도 해역에서는 냉각이 우세하여 해표면 수온이 낮아지고, 해빙 형성 과정에서 염분 방출로 염분이 높아지며 고밀도의 심층 해수 생성이 활발한데, 지구 온난화가 진행되며 이 메커니즘에 제동이 걸리기 시작했어요.

지구 온난화에 따라 그린란드와 남극 대륙에 있는 빙하가 빠르게 사라지는 중인데, 육상에 있던 빙하가 분리되어 바다로 떨어져 나오거나 녹아 없어지면서 더 많은 담수가 공급되므로 염분 방출과 정반대로 염분이 낮아지게 되지요. 염분이 낮아지면 밀도가 감소하므로 해수면 부근의 해수가 충분히 무거워지지 못하므로, 활발한 심층 해수 생성이 어려워져요. 따라서 지구 온난화와 함께 해양에 열에너지가 축적되면서 오늘날 심층 해수의 생성과 거대한 해양 대순환까지 약해질 것이 우려되는 상황이에요. 이런 이유로 해양 과학자들은 북대서양심층수나 남극저층수와 같은 주요 심층 해수의 생성 과정과 전 지구적 해양 순환을 감시하는 연구를 하고 있어요.

15

깊은 곳의 해수가 표면으로 솟구치는 이유는?

해표면 냉각이나 염분 방출에 의해 무거워진 해수가 심해로 가라앉으며 심층 해수가 만들어지는 것과 정반대로 심해에 있던 해수가 해수면 혹은 얕은 수심으로 솟아오르기도 할까요? 만약 깊은 곳의 해수가 위쪽으로 솟구친다면 그 이유는 무엇일까요?

해수면 부근 해수의 밀도가 증가하여 무거워진 해수가 심해로 가라앉는 것과 정반대로 깊은 곳에 있는 해수가 해수면 혹은 그 부근으로 솟아오르는 현상은 '용승(upwelling)'이라고 해요. 깊은 곳의 해수는 차갑고 영양분이 풍부한데, 용승하여 빛이 풍부한 해수면 부근에 영양분을 공급해 주면 식물성 플랑크톤의 광합성이 활발하게 일어나게 되지요.

이처럼 식물성 플랑크톤의 번성이 일어나면 동물성 플랑크톤과 나아가 각종 해양 생물이 활성화되기 때문에 용승 해역은 활발한 어장으로 알려져 있어요. 대표적인 곳으로 캘리포니아 해류, 페루 해류, 카나리아 해류, 벵겔라 해류(아굴라스 해류)가 흐르는 해역을 꼽지요. 이들 해류는 대양의 동쪽 경계를 따라 흘러 동안 경계류라고 불러요. 또 적도가 위치한 열대 해역에서도 활발한 용승이 일어나는 것으로 알려져 있어요.

» 해수가 수평적으로 « 서로 멀어진다고?

깊은 곳의 해수가 해수면 부근까지 수직적으로 솟아오를 수 있는 이유는 해수면 부근에서 수평적인 해수의 발산이 일어나기 때문이에요. 어떤 이유로든 해수면 부근 해수가 수평적으로 서로 멀어지는 방향으로 흐르면 이를 메꾸기 위해서 깊은 곳의 해수가 수직적으로 솟아오르게 되는 것이지요. 왜 이런 현상이 일어나는 것일까요?

바다 위에서 부는 바람인 해상풍과 해수의 이동은 서로 밀접하게 관련되어 있어요. 스웨덴의 해양 과학자 에크만은 노르웨이 탐험가 난센이 관측한 사실을 역학적으로 설명하며 해상풍과 해류(해상풍에 의해 유도되는 해류는 취송류라고 부름) 사이의 관계를 정리하는 이론을 완성했어요. 그래서 이 이론은 에크만 이론(Ekman theory)이라고 불려요.

» 에크만 수송이 발생하여 « 용승이 활발해져

에크만 이론에 따르면 해상풍에 의해 해수면에 작용하는 바람 응력은 지구 자전 효과가 더해지면서 그 오른쪽 90도(북반구 기준, 남반구에서는 왼쪽 90도) 방향으로 상층 해수를 수송시키지요(에크만 수송). 예를 들면, 북반구에서 북풍이 불어 해수면 바람 응력이 북쪽으로부터 남쪽으로 작용하는 경우, 서쪽으로 에크만 수송이 발생한다는 것이에요. 그런데 동안 경계류가 흐르는 대양의 동쪽 경계에서는 이렇게 서쪽으로의 해수 수송이 발생하면 해안에서 멀어지는 방향으로 해수가 수송되므로 깊은 곳의 해수가 용승하여 이를 채우게 되어요.

남반구에서는 반대로 남풍이 불어 해수면 바람 응력이 남쪽으로부터 북쪽으로 작용하는 경우, 서쪽으로의 에크만 수송에 따라 대양의 동쪽 경계에서 해수면 부근 발산과 심층 해수의 용승이 발생해요.

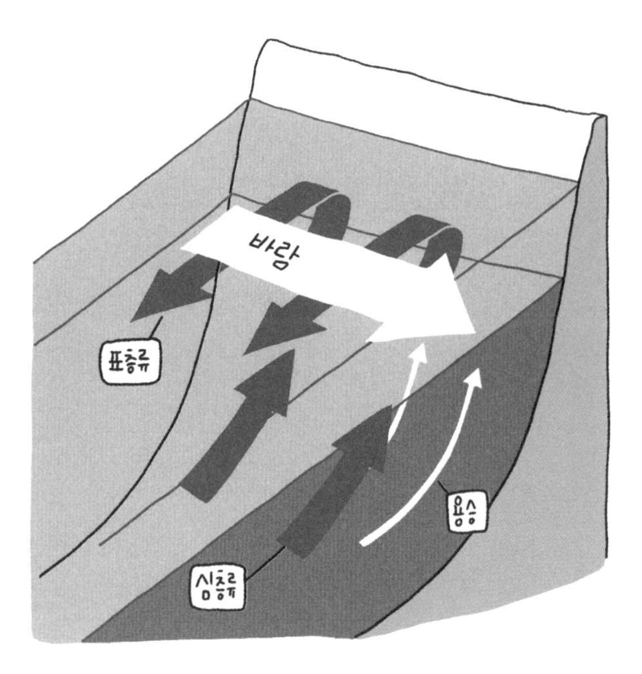

| 에크만 수송의 원리 |

적도가 위치한 열대 해역에서 용승이 활발한 것도 에크만 이론으로 설명할 수 있어요. 적도 부근의 열대 해역에서는 동에서 서로 부는 무역풍이 우세한데, 북반구에서는 북쪽으로, 남반구에서는 남쪽으로 에크만 수송이 발생하여 적도를 중심으로 해수가 서로 멀어지는 발산이 발생하므로 용승이 활발하게 되지요.

해수의 움직임, 해류와 순환

16

오리 인형이 세계 곳곳에서 발견된 이유는?

흐르는 강물처럼 해양을 채우고 있는 해수도 한자리에 계속 머물러 있지 않아요. 해수가 해류를 타고 계속 움직이고 있다면 도대체 어디에서부터 어디로 이동할까요? 어떤 곳에서 강한 해류를 타고 빠르게 이동하는 것일까요?

해류를 타고 해수가 한쪽으로 계속 흘러가는 것을 알 수 있는 사건이 하나 있어요. '오리 인형 표류기'라고도 알려진 고무 인형들의 세계 일주 이야기랍니다.

1992년 2만 9천여 개의 장난감을 실은 배가 중국에서 출항하여 태평양을 건너다가 폭풍을 만나 컨테이너를 바다로 빠뜨린 사건이 발생했어요. 이 컨테이너 안에는 고무로 만든 오리, 거북이, 비버, 개구리 모양의 인형들이 있었죠. 그로부터 한참 지난 후 이 고무 인형들은 세계 곳곳에서 발견되었지요. 알래스카, 인도네시아, 호주, 남미 등에서 발견한 사람들의 제보가 잇달았어요. 심지어 북극해에서도 이 오리 인형이 발견되었지요. 그리고 21년이나 지난 2013년에는 이 오리 인형이 태평양에서 북극해를 건너 대서양에 있는 영국에까지 흘러와서 결국 영국 해안에 상륙했어요. 미국의 해양학자 에비스메이어는 오리 인형이 발견되는 때와 장소를 통해 해류의 움직임을 추적했답니다.

》해수는 해류에 의해《 꾸준히 이동

비록 강물처럼 빠르게 흐르는 것은 아니지만 이처럼 해수는 해류에 의해 꾸준하게 이동을 하고 있어요. 해류는 느리더라도 매우 거대한 규모로 흐르기 때문에 강물과는 비교할 수 없을 정도로 많은 양의 해수를 수송하지요. 일정한 양의 해수가 이동할 때 폭이 좁은 영역을 통해 흐르면 강한 해류가 되고, 반대로 폭이 넓은 영역을 통해 흐르면 약한 해류가 되어요. 이것은 물이 쏟아져 나오고 있는 호스의 단면적을 좁힐 때 물줄기가 강해지는 것과 같은 이치예요.

수송량이 일정할 때 단면적과 유속은 서로 반비례합니다. 단면적의 단위인 제곱미터(m^2)와 유속의 단위인 초당 미터(m/s)의 곱이 수송량의 단위인 초당 세제곱미터(m^3/s), 즉, 1초에 몇 세제곱미터 부피의 해수가 통과하는지를 표현하는 것만 보아도 그 원리를 알 수 있지요. 해수의 수송량은 워낙 거대하므로 해양학에서는 흔히 1초에 10^6 세제곱미터의 부피에 해당하는 해수가 통과하는 수송량을 아예 1스베드럽($1Sv = 10^6\ m^3/s$)이라는 새로운 단위로 정의해서 사용하고 있어요.

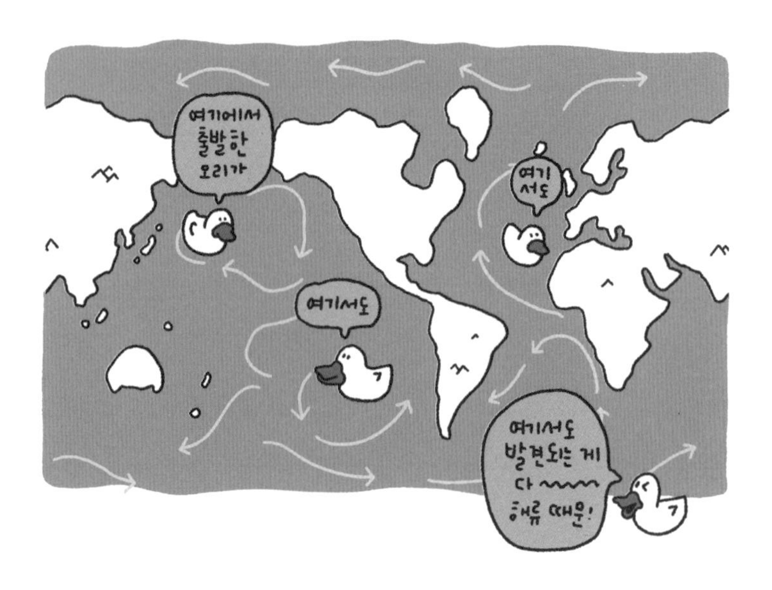

》서쪽 경계에서《
강하고 빠른 해류가 흘러

그럼 어디에서 강한 해류가 흐르고, 어디에서 약한 해류가 흐를까요? 또 전 세계 바다의 해류는 어떻게 분포할까요? 일반적으로 대양의 서쪽 경계(서안 경계)에서는 폭이 좁고 매우 강한 해류가 흐르는데, 이를 서안 경계류라고 불러요. 대양의 동쪽 경계(동안 경계)에서는 폭이 넓고 약한 해류가 흐르는데, 이를 동안 경계류라고 부르고요. 서안 경계류는 저위도에 있는 따뜻한 해수를 중위도로 수송하며(난류), 동안 경계류는 중위도에 있는 차가운 해수를 저위도로 수송하기(한류) 때문에 이들 해류에 의해 저위도에 남는 열은 고위도에 공급되어요.

서안 경계류의 대표적인 해류로 태평양 서쪽 경계에서 북쪽으로 흐르는 쿠로시오 해류와 대서양 서쪽 경계에서 북쪽으로 흐르는 멕시코 만류(걸프스트림, Gulf Stream)를 꼽아요. 특히 멕시코 만류에 의해 저위도에 있는 따뜻한 해수가 중위도에 수송되면서 유럽 서부 해안에는 비슷한 위도의 사할린 등에 비해 훨씬 온화한 기후를 가지게 되지요. 영국, 아이슬란드, 노르웨이 등 유럽 서부 해안 지역의 겨울철 기온은 동일 위도에 비해 섭씨 20도 정도 더 높게 유지된답니다.

서안 경계류와 동안 경계류 외에도 태평양, 대서양, 인도양의 적도 부근 열대 해역에는 적도 해류로 불리는 강한 해류 흐름이 있어요. 북적도 해류와 남적도 해류는 각각 북반구와 남반구에서 서쪽으로 흐르는 강력한 해류이며, 이들 사이에는 반대로 동쪽으로 흐르는 적도 반류와 적도 잠류도 발견되지요. 또 북극해라는 바다로 이루어져 있는 북극과 달리, 남극은 대륙으로 이루어져 있는데, 이 남극 대륙 주위를 서에서 동으로 흐르는 강력한 해류는 남극 순환류라고 불려요.

17

해류를 만드는 원동력은?

강처럼 해수가 흐르는 길이 따로 정해져 있다면 이 길을 따라 흐르는 해수는 왜 한쪽으로만 계속 흐르는 것일까요? 흐르는 방향이 바뀌지 않고 지속해서 흐르는 이 해류를 만드는 원동력은 무엇일까요?

해상에 부는 바람인 해상풍은 변화무쌍하기도 하지만, 오랜 시간 넓은 영역에서 불기도 하는데, 이렇게 일정한 바람이 불면 표층 해류가 만들어질 수 있어요. 이것은 해수면 부근의 마찰과 관련이 있고, 특히 마찰을 통해 대기로부터 해양으로 운동량이 전달되는 과정이라고도 볼 수 있지요. 따라서 해상풍이 강하고 오래 지속되어야 더 강한 해류가 유도됩니다. 이렇게 바람에 의해 만들어지는 해류는 취송류 혹은 풍성 해류라고 해요.

》취송류(풍성 해류)는《 바람에 의해 만들어져

지구가 자전하고 있어서 전향력★이 작용하기 때문에 바람이 부는 방향과 같은 방향으로 취송류가 흘러가는 것이 아니라, 북반구에서는 그보다 오른쪽으로 남반구에서는 왼쪽으로 비틀어진 방향으로 취송류가 유도되지요. 이러한 취송류 이론은 스웨덴의 해양학자 에크만에 의해 확립되어 이를 에크만 이론이라고 부릅니다.

에크만 이론에서는 바람에 의해 해수면에 응력이 전달되면 이 바람 응력의 방향보다 북반구에서는 오른쪽으로(남반구에서는

★ 지구와 같은 회전체의 표면 위에서 운동하는 물체에 대하여 그 물체의 운동 속도 크기에 비례하고 운동 속도 방향에 수직으로 작용하는 가상의 힘을 말한다. 지구상에서는 지구의 자전으로 북반구에서는 물체가 운동하는 방향의 오른쪽으로 전향력이 작용한다. 프랑스의 물리학자 코리올리가 제창하여 코리올리 힘이라고도 한다.

왼쪽으로) 45도 회전된 방향으로 표층 취송류가 유도되며, 수심이 깊어질수록 더욱 오른쪽으로(남반구에서는 왼쪽으로) 회전된 방향으로 취송류가 유도되어 나선 구조를 가지게 되지요. 수심이 깊어질수록 취송류는 점점 작아져 일정한 수심(에크만 수심) 아래에서는 취송류를 거의 보기 어려워요.

대양에서는 위도에 따라 지속되는 해상풍이 다른데, 저위도(적도에서부터 북위 30도 혹은 남위 30도까지)에서는 동풍(동쪽에서 서쪽으로 부는 바람)인 무역풍이 우세한 것으로 알려져 있어요. 북반구에서는 북동 무역풍, 남반구에서는 남동 무역풍이 불기 때문에 해상풍에 의한 바람 응력 방향의 오른쪽(북반구)과 왼쪽(남반구)으로 유도되는 적도 부근 표층 해류는 북반구와 남반구 모두 서쪽으로 흐르게 되지요. 이를 각각 북적도 해류와 남적도 해류라고 불러요.

중위도(북위 30도에서부터 북위 60도까지 혹은 남위 30도에서부터 남위 60도까지)에서는 서풍인 편서풍이 우세하기 때문에 표층 해류가 반대로 동쪽으로 흐르게 됩니다. 북태평양 해류, 북대서양 해류, 남태평양 해류, 남대서양 해류 등이 여기에 해당하지요.

이렇게 북반구의 북태평양과 북대서양에서는 표층 해류가 시계 방향으로 회전하고, 남반구의 남태평양, 남대서양, 인도양에서는 반시계 방향으로 회전하는 순환이 만들어지는데, 이를 풍성 순환이라고 합니다.

» 밀도류는 밀도 차에 의해 « 유도되는 해류

해상풍이 불지 않아도 해수의 밀도가 서로 다르면 압력 차이가 발생하여 힘이 작용하므로 해수를 움직이게 할 수 있어요. 이렇게 밀도 차에 의해 유도되는 해류는 밀도류라고 부릅니다. 해수의 밀도를 결정하는 수온과 염분은 위치에 따라 차이를 보이므로 밀도 역시 공간적으로 차이가 발생해요.

예를 들면, 해수면 냉각이 활발하고 해빙이 만들어지며 주변으로 소금기가 잘 빠져나오는 고위도 해역에서는 해수의 밀도가 커서(수온이 낮고, 염분이 높음) 심층 수괴가 잘 만들어져요. 반대로

해수면이 잘 가열되는 저위도 열대 해역이나 강물이 유출되는 해역에서는 해수의 밀도가 작아(수온이 높고, 염분이 낮음) 주변 해수 위에 떠 있으려고 하지요.

해수에 작용하는 압력은 그 위에 놓인 해수의 두께에 비례하기 때문에 수심이 깊어질수록 압력이 증가하는데, 그 두께가 같더라도 얼마나 무거운 해수로 되어 있는지에 따라 압력이 달라져요. 즉, 밀도가 작은 가벼운 해수로 채워져 있으면 그 아래에서 압력이 약하고, 밀도가 큰 무거운 해수로 채워져 있으면 그 아래에서 압력이 강해지지요. 수온과 염분에 따라 해양 내에 밀도 차가 생기며 압력이 공간적으로 차이를 보이게 되면, 압력이 큰 곳에서 작은 곳으로 힘이 작용하는데, 이를 압력 경도력(혹은 수압 경도력)이라고 해요.

지구가 자전하고 있어서 전향력도 작용하기 때문에 항상 압력 경도력 방향으로 밀도류가 흘러가는 것은 아니고, 압력 경도력과 전향력이 서로 균형을 이루어 속도가 일정한 해류가 결정되는데, 이러한 해수의 흐름을 지형류(대기에서는 지균풍)라고 하지요.

해류는 서로 다른 여러 힘이 동시에 작용한 결과로 나타나는 해수의 지속적인 움직임인데, 시공간적으로 작용하는 힘의 크기와 방향이 변화를 겪기 때문에 해류도 항상 일정한 세기로 흐르지 못하고 변화를 겪어요. 해양 과학자들이 해류를 지속적으로 감시하는 이유가 바로 이 때문이지요.

18

해수에는 어떤 힘들이 작용하나?

바다 위에서 지속해서 부는 해상풍과 해수의 밀도 차이가 해수를 움직이도록 만든다면, 과연 해수에는 어떤 힘들이 작용하고 있을까요? 또 일정한 세기의 해류를 유지할 수 있게 하는 힘의 균형은 어떻게 만들어질까요?

해상에 지속해서 바람이 불면 해수면에 응력이라는 힘이 가해져요. 이렇게 해상풍에 의해 해수면에 작용하는 응력을 해수면 바람 응력이라고 해요. 해상풍은 위도에 따라 서로 다른 방향으로 부는데, 적도가 위치한 열대 해역에서는 무역풍이라는 동풍(동에서 서로 부는 바람)이 우세하기 때문에 해수면에 서향의 바람 응력이 가해지나, 중위도 해역에서는 서풍(서에서 동으로 부는 바람)인 편서풍이 우세하여 해수면에 동향의 바람 응력이 가해지지요. 이처럼 바람 응력은 해상풍의 크기와 방향에 따라 다양한 형태로 나타날 수 있어요.

》해수에 작용하는《 다양한 힘

그런데 해상에 바람이 전혀 불지 않으면 해수에 작용하는 힘이 없는 것일까요? 해수에 작용하는 힘은 바람 응력 외에도 다양하므로 해상풍이 없어도 여러 힘이 작용하여 해류를 타고 이동하게 만들어요. 대표적인 예가 바로 중력과 부력이에요. 이 힘들은 해상풍과 무관하게 지구 중심 방향(중력) 혹은 그 반대 방향(부력)으로 항상 작용하고 있으며, 바람 응력처럼 해수면에만 작용하는 것이 아니라 모든 해수 입자 전체에 작용하는 특성이 있어요.

해수와 해류에 작용하는 또 다른 힘은 전향력이에요. 전향력은 지구가 자전하면서 지구 내에서 움직이는 모든 물체(고체뿐만 아니라 해양과 대기와 같은 유체도 포함)에 작용하는 것처럼 보이는 가상

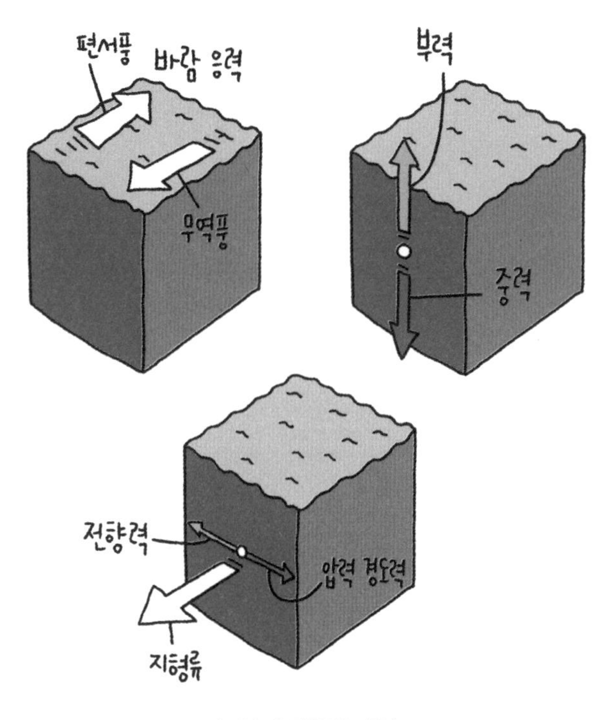

| 해수에 작용하는 힘 |

의 힘이에요. 자전하고 있는 지구 밖에서 보면 실제로는 작용하지 않는 힘이지만 자전하고 있는 지구 내에서 함께 회전하면서 물체의 운동을 보게 되면 북반구에서는 이동 방향의 오른쪽으로, 남반구에서는 왼쪽으로 굽어 휘어져 운동하는 특성이 나타나는데, 이것이 바로 전향력 때문이지요. 전향력은 저위도보다 고위도에서 더 강하며, 같은 위도 내에서는 운동 속도가 빠를수록 더 강해요.

지구 자전과는 무관하게 해수에 작용하는 압력이 공간적으로 균일하지 않아서 압력 차이에 비례하는 힘이 작용하는데, 이것은 압력 경도력(혹은 수압 경도력)이라 부르지요. 특히 수심이 깊어질수록 압력이 증가하는 특성이 있는데, 같은 수심이라고 하더라도 서로 다른 두 위치에서 해수면 높이 차이가 있어서 그 위에 놓여 있는 해수의 두께가 서로 다르고, 해수의 밀도가 일정하지 않다면, 압력이 서로 다르므로 압력이 큰 위치(대기에서는 고기압 영역)에서부터 압력이 작은 위치(대기에서는 저기압 영역)로 압력 경도력이 작용해요.

그 외에도 해수의 이동에 따라 대체로 유속에 비례하는 반대 방향의 힘이 작용하는데, 마찰로 인한 것이라 마찰 응력이라고 하며, 해수면에 작용하는 바람 응력과는 반대로 해저면에 작용하게 되지요. 해수면과 해저면에는 이처럼 각각 바람 응력과 마찰 응력이 작용하기 때문에 그 부근의 적절한 두께를 가지는 영역에는 응력이 상대적으로 중요한 역할을 해요. 그러나 해수면 부근과 해저면 부근을 벗어나면 대부분의 해양 내부 영역에서 바람 응력과 마찰 응력은 무시할 정도로 작아지고 다른 힘들(예를 들면, 전향력과 압력 경도력)이 더 중요하게 고려되지요.

》 전향력과 《
압력 경도력 사이의 균형

만약 해수에 작용하는 여러 서로 다른 힘이 균형 상태에 있지 않다면 해수 흐름의 유속은 시간이 지나면서 점점 더 빨라지거나 반대로 느려지므로 일정한 방향으로 일정한 세기의 흐름이 유지되는 해류의 특성에 모순되지요. 따라서 해류를 유지하는 힘은 서로 균형 상태에 있음을 알 수 있어요. 그럼 어떤 힘이 해류에 작용하고 있으면서 서로 균형을 이루고 있을까요?

바로 전향력과 압력 경도력이에요. 해류로 둘러싸인 환류 내부에서는 그 가장자리에서보다 해수면이 높게 유지되는데, 해수면이 높은 환류 내부에서의 압력은 해수면이 낮은 가장자리에서보다 크므로 환류 중심부에서부터 가장자리 쪽으로의 압력 경도력이 작용합니다.

그런데 환류 주위를 북반구의 경우 시계 방향으로 회전하는 해류에 의해 작용하는 전향력은 그 오른쪽에 해당하는 환류 중심 쪽으로 작용하게 되어 압력 경도력과는 정반대 방향으로 작용하게 되어요. 즉, 이 두 힘의 크기가 같고 방향만 서로 정반대가 되어 균형 상태에 있을 때 합력이 완전히 사라져 가속이나 감속이 없는 일정한 속도의 해류가 유지되는 것이지요. 이처럼 해류에 작용하는 압력 경도력과 전향력 사이의 균형을 해양학에서는 지형류 균형(혹은 지형류 평형)이라고 부릅니다.

19

바닷물도 나이가 있다고?

사람처럼 해수에도 나이가 있다고요? 생성된 지 오래된 해수와 얼마 되지 않은 해수는 나이 차이가 있다는 건가요? 그럼 나이가 많은 해수와 적은 해수는 어떻게 구별할 수 있을까요? 나이가 많은 해수는 과연 몇 살 정도 될까요?

앞에서 생성 기원이 같고 고유한 수온과 염분 등의 특성을 가진 해수의 집단을 수괴라고 부른다고 했죠? 해양 과학자들은 전 세계 주요 수괴에 지중해수, 남극저층수, 남극중층수, 북대서양심층수, 태평양심층수, 인도양심층수, 환남극심층수와 같이 서로 다른 이름을 붙였어요. 그런데 같은 수괴라고 해도 생성된 지 얼마 되지 않아 그 고유의 특성을 잘 유지하고 있는 해수와 생성된 지 오래되어 다른 해수와 오랜 기간 섞이며 그 고유의 특성을 많이 잃어버린 해수 사이에는 나이 차이가 발생하게 되지요.

» 해수가 생성되고 « 소멸하는 과정

서로 다른 해수의 나이를 비교하려면 우선 해수가 생성되고 소멸하는 과정과 해양 컨베이어 벨트 순환을 이해해야 합니다. 앞에서 살펴본 것처럼, 북대서양심층수는 그린란드 부근의 결빙 해역에서 해빙이 형성되면서 빠져나오는 소금기가 주변 해수의 염분을 높이면서 생성되므로 고염수 특성을 보이지요. 그린란드 부근에서 생성된 후 무거워져 가라앉은 북대서양심층수는 대서양 심해에서 남쪽으로 수송되어 남빙양까지 이동 후 남극 대륙 부근에서 생성된 남극저층수와 만나게 됩니다. 이후 남빙양 내에서 동쪽으로 수송되며 환남극심층수를 형성하기도 하며, 인도양과 태평양에까지 그 영향을 미치나 점점 주변 해수와 혼합되어 고염수 특성을 잃어버리지요.

특히 태평양과 인도양에서는 상층 해수와 혼합되며 표층 해류를 따라 태평양에서 인도네시아를 통과하여 인도양으로, 그리고 인도양에서 남아프리카를 돌아 다시 대서양으로 수송된 후 대서양 내 표층 해류를 따라 북쪽으로 수송되어 결국 그린란드 해역으로 되돌아오게 됩니다. 이처럼 전 세계 해양을 순환하는 해수의 운동은 마치 공장에서 제품이 이동하거나 회전 초밥 레스토랑에서 초밥이 이동하고 있는 컨베이어 벨트 레일과 비슷하여 해양 컨베이어 벨트 순환이라고 부르지요.

비교적 빠르게 흐르는 표층 해류로 구성된 상층 순환과 달리 심층 순환은 초속 1센티미터 정도의 매우 느린 속도로 흐르는 심층 해류에 의해 유지되므로 해양 컨베이어 벨트 순환을 모두 완성하며 원래 위치로 되돌아오기까지는 무려 1,000년에서 1,500년이라는 매우 긴 시간이 소요된다고 해요. 즉, 나이가 많은 해수는 1,500살까지도 될 수 있다는 것이지요. 예를 들면, 그린란드 인근에서 갓 생성되어 대서양 심해에 위치하는 북대서양심층수는 젊은 해수라고 할 수 있지만, 해양 컨베이어 벨트 순환의 후반부를 구성하는 태평양심층수와 인도양심층수는 이에 비해 나이가 훨씬 많은 해수라고 할 수 있다는 뜻이에요.

》용존 산소 농도로《 해수의 나이를 구분

해양 과학자들은 이렇게 서로 다른 해수의 나이를 어떻게 알아낼 수 있었을까요? 나이가 많은 해수와 생성된 지 오래되지 않은 젊은 해수를 구별하는 방법은 해수 내에 반감기가 다른 동위 원소를 분석하는 것 등 여러 가지 방법이 있으나 가장 간단하게 이를 구별하는 방법은 용존 산소를 비교하는 것이에요. 심해를 채우고 있는 수괴 중에는 북대서양심층수처럼 용존 산소 농도가 높은 수괴가 있는가 하면, 태평양심층수나 인도양심층수와 같이 용존 산소 농도가 낮은 수괴도 있어요.

북대서양심층수는 그린란드 해역 표층에서 생성될 때 대기와 맞닿아 포화 상태에 있어서 용존 산소 농도가 매우 높아요. 하지만 대기로부터 산소가 공급되는 해수면과 식물성 플랑크톤의 광합성이 활발한 상층을 떠나 심해에 오래 머물면서 호흡에 의한 산소 소비가 지속되므로 용존 산소 농도는 시간이 지날수록 점점 낮아지게 됩니다.

특히 해수면에서 밀도가 증가하여 무거워진 해수가 가라앉아 생성되는 것이 아닌, 심해 내에서 환남극심층수의 확산으로 생성되는 태평양심층수나 인도양심층수의 경우에는 용존 산소 농도가 매우 낮은 특성이 있어요. 따라서 용존 산소 농도가 높은 젊은 해수와 용존 산소 농도가 낮은 오래된 해수를 쉽게 구분할 수 있지요.

20

동해를 아는 것이 왜 중요할까?

해류를 따라 흐르면서 얼마만큼의 해수가 동해로 유입되고 또 유출될까요? 과학자들은 동해를 드나드는 해수의 양을 어떻게 알아낼 수 있을까요? 동해를 아는 것이 우리에게 왜 중요할까요?

우리나라를 구성하는 한반도는 몇몇 다른 바다로 둘러싸여 있어요. 한반도 서해안에 접하고 있는 바다는 흔히 서해(West Sea)라고 잘못 부르기도 하는 황해(Yellow Sea)이고, 마찬가지로 남해(South Sea)라고 잘못 부르기도 하는 한반도 남해안은 동중국해(East China Sea) 북부에 위치하며, 동해안은 동해(East Sea, 일본에서는 일본해 Japan Sea 혹은 Sea of Japan으로 부르며 국제적으로는 한국과 일본의 입장이 서로 다름)와 접하고 있어요.

이중 동해는 지역적인 방위를 나타내는 서해나 남해와 달리, 지역에 따라 다른 바다를 의미하는 비공식적인 바다의 이름이 아니라 유라시아 대륙의 북쪽에 위치해서 역사적으로 북해(North Sea)로 불리는 바다와 같이 유라시아 대륙의 동쪽에 위치하여 오래전부터 고유 명사처럼 불려온 바다의 이름이지요. 북해는 영국의 동쪽에 위치해서 지역적인 방위로 표현하면 동해가 되지만, 유라시아 대륙을 기준으로 오래전부터 불려서 고유 명사가 된 것이에요. 그러므로 한반도는 황해, 동중국해, 그리고 동해로 둘러싸여 있다고 표현해야 적절합니다.

그런데 한반도가 인접한 황해와 동중국해 북부 해역은 모두 수심이 200미터 이내인 천해 대륙붕 해역인 반면, 동해는 평균 수심이 1,600미터가 넘고, 수심이 3,000미터 이상인 심해부가 약 30만 km^2 면적에 달하는 심해입니다. 한반도, 러시아, 일본 열도로 둘러싸인 반폐쇄성 바다인 동해는 한반도와 일본 열도 사이에 위치한 대한해협을 통해 동중국해 북부와 연결되어 있으며, 일본 열도 사이에 위치한 쓰가루 해협과 쏘야 해협을 통해 태평양과 연결되어 있고, 러시아 하바롭스크 지방과 사할린섬 사이의 타타르 해협을 통해 오호츠크해와 연결되어 있지요. 그런데 이들 해협은 모두 수심이 200미터가 되지 않는 얕은 곳이기 때문에 동해에 담긴 해수의 단지 10% 정도인 상층 해수만이 인접 해역과 교환되는 셈이에요.

» 유속계를 설치하여 «
해수 수송량 파악

해류를 따라 전 세계 바다와 대양을 흐르는 해수는 동해로 끊임없이 흘러들어 유입되고, 또 동해로부터 태평양으로 흘러나가며 유출되고 있지요. 과학자들은 얼마나 많은 양의 해수가 동해로 유입하고 동해로부터 유출되는지 알아내기 위해 여러 방법을 시도하고 있어요. 과학자들은 동중국해로부터 동해로 해수가 유입하는 통로인 대한해협을 가로지르는 해저 곳곳에 유속계를 설치하여 시간에 따른 유속 변화를 여러 위치에서 동시에 기록하고, 이들을 적분해서 대한해협의 단면 평균 유속(단위: m/s)과 그 단면적(단위: m^2)을 곱한 수송량(단위: m^3/s)을 추정했어요. 즉, 단위 시간당 얼마만큼의 부피에 해당하는 해수가 수송되는지를 의미하는 수송량으로 표현하는 것이지요.

그런데 해류를 타고 수송되는 해수의 이동 속도는 강물의 흐름이나 대기의 흐름(바람)에 비해 유속이 작은 편이지만 워낙 넓은 영역에 걸쳐 수송되는 것이라서 수송량이 매우 크므로 새로운 수송량 단위, 스베드럽(Sv)을 사용해요(1Sv = $10^6m^3/s$). 과학자들이 대한해협에서 관측된 유속 자료로부터 추정한 동해 유입 수송량은 약 2~3스베드럽(Sv) 정도로서, 여름철에 비가 많이 온 후 서울에서 한강을 통해 황해로 흘러나가는 유량의 1천 배나 되지요.

동해로 유입되는 해수 수송량은 항상 일정한 것이 아니라 시간에 따라서도 크게 변화하고 있어요. 대체로 여름철과 가을철에 3스베드럽(Sv) 정도로 증가했다가 겨울철과 봄철에는 2스베드럽(Sv) 정도로 감소하는 경향을 보이지만, 해마다 그 정도에 차이를 보여요. 또 계절과 상관없이 며칠 동안 수송량이 많이 증가하고 그다음 며칠 동안에는 많이 감소하기도 합니다. 지난 수십 년 동안 서서히 증가하고 있기도 하지요.

» 여객선에 유속계를 부착하거나 « 해저 케이블을 이용

대한해협을 가로지르는 해저 곳곳에 설치한 유속계를 몇 년씩 계속 유지하는 것이 어렵기 때문에 과학자들은 한국과 일본을 오가는 여객선에 유속계를 부착하여 자료를 수집하고 있어요. 부산과 일본 후쿠오카의 하카타를 왕복하는 정기 여객선에 부착된 유속 자료를 분석하면 대한해협을 통과하여 동해로 수송되는 해수 수송량이 어떻게 변화하는지 알아낼 수 있지요.

또 다른 방법으로 더 이상 통신 목적으로 사용하지 않는 해저 케이블을 이용하기도 해요. 도체*인 해수가 이동할 때 케이블 양쪽 끝에 유도되는 전위차**를 역이용하면 전위차로부터 얼마만큼의 해수 수송량에 해당하는지 추정할 수 있기 때문이지요. 과학자들은 부산과 일본 하마다 사이에 오래전에 설치된 해저 케이블이 더 이상 통신 목적으로는 사용되지 않는 것을 알고 양쪽 끝의 전위차를 기록하고 있어요. 이를 통해 과거 장기간 대한해협을 통해 동해로 유입된 해수 수송량이 어떤 변화를 겪어 왔는지 알 수 있지요.

동해로 유입되는 해수 수송량이 다양한 시간 규모로 변동하고 있는 것처럼 쓰가루 해협과 쏘야 해협을 통해 태평양으로 유출되는 해수 수송량도 끊임없이 변동하고 있어요. 대체로 유입 수송량이 증가하면 유출 수송량도 증가하는 경향이 있는데, 항상 1:1로 일치하는 것은 아니랍니다.

따라서 유입 수송량에 비해 유출 수송량이 상대적으로 적으면 동해 내에 해수가 축적되면서(수렴) 해수면이 높아지기도 하고, 반대로 유입 수송량이 적으면 동해 내에 해수가 손실되면서(발산) 해수면이 내려가는 변화를 겪기도 하지요. 과학자들은 지금도 계

★ 전기 또는 열에 대한 저항이 매우 작아 전기나 열을 잘 전달하는 물체를 말한다. 열에는 금속, 전기에는 금속이나 전해 용액 따위가 이에 속한다.

★★ 전기장 안의 두 점 사이의 전위의 차로 전압이라고 한다. 어떤 한 점에서 다른 점으로 단위 양전하를 옮기는 데 필요한 일과 같다. 이것이 양(+)일 때, 이동한 점의 전위는 이동하기 전의 전위보다 높다고 한다.

속 바뀌고 있는 동해 유입 수송량을 지속적으로 감시하며 이것이 어떻게 그리고 왜 변동하는지, 미래에는 얼마만큼의 해수가 동해로 유입되고 그중 얼마만큼의 해수가 유출될지, 또 그 결과로 동해 내부 순환이 어떤 변화를 겪게 될지 연구하고 있습니다.

» 동해를 더 잘 알고 « 활용해야 해

애국가 1절 첫 단어에 등장할 정도로 우리에게 의미심장한 동해는 명칭부터가 논란거리라서 국제적으로 일본해로도 알려져 있지요. 서해, 남해와 같이 비공식적으로 지역적인 방위를 의미하는 바다가 아니라 역사적으로 오랜 기간 사용한 공식적인 바다의 이름으로서 고유 명사화 된 동해가 덜 알려져 있기 때문입니다. 이것은 우리나라가 제대로 목소리를 내지 못했던 일제 강점기에 일본해라는 명칭이 국제수로기구를 통해 공식화되었던 문제도 있지만, 우리가 동해를 과학적으로 잘 이해하고 제대로 활용하지 못하고 있었기 때문이기도 합니다. 동해의 진정한 주인은 동해를 더 잘 알고 실질적으로 활용할 수 있어야 하니까요. 동해로 유입되고 유출되는 해수 수송량과 동해 내부 순환을 이해하는 것은 동해를 본격적으로 활용하기 위한 첫 단추에 해당한다고 할 것입니다.

21

동해 심해 바닷물의 나이는?

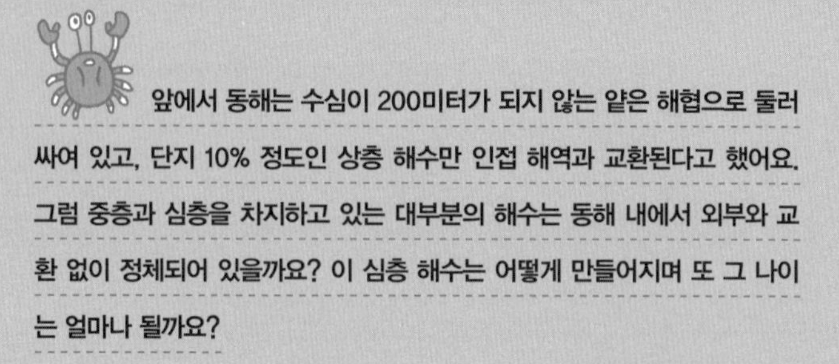

앞에서 동해는 수심이 200미터가 되지 않는 얕은 해협으로 둘러싸여 있고, 단지 10% 정도인 상층 해수만 인접 해역과 교환된다고 했어요. 그럼 중층과 심층을 차지하고 있는 대부분의 해수는 동해 내에서 외부와 교환 없이 정체되어 있을까요? 이 심층 해수는 어떻게 만들어지며 또 그 나이는 얼마나 될까요?

거대한 전 세계 해양 컨베이어 벨트 순환으로부터는 벗어나 있지만, 동해나 지중해에는 자체적으로 생성되는 동해저층수와 지중해수라는, 새롭게 만들어지는 매우 젊은 수괴들이 존재합니다. 특히 동해는 생성된 지 100살이 넘는 나이 많은 해수를 잘 볼 수 없는, 젊은 수괴들로만 채워진 독특한 바다라고 할 수 있지요. 과학자들은 동해를 채우고 있는 해수의 나이를 대체로 50년 내외로 추정합니다. 그만큼 순환 주기가 짧은 것이지요. 바로 인접한 북태평양이 나이가 많은 심층 해수로 채워져 있는 점과는 매우 대조적입니다.

실제로 북태평양과 남태평양을 포함하는 태평양 전체 영역에서 1,000미터 수심에서의 용존 산소 분포를 살펴보면, 그 농도가 리터당 100마이크로몰 이하로 매우 낮은 것을 알 수 있는데, 유독 동해에서만은 매우 높은 용존 산소 농도를 보여요(리터당 200마이크로몰 이상).

1,000미터 수심에서의 수온도 태평양 전체에서 섭씨 4도 정도로 균일한 데 비해 동해 내에서는 섭씨 1도 이하의 찬 해수로 채워져 있지요. 이것은 동해 북부에서 겨울철 강풍 등에 의해 수직적으로 깊게 대류가 발생하며 동해중앙수가 새로 생성되어 동해 내부의 해당 수심에서 잘 발견되기 때문이에요. 새롭게 생성된 동해중앙수는 해표면을 떠난 지 얼마 지나지 않은 매우 젊은 해수라서 높은 용존 산소 농도를 그대로 유지하고 있지요.

» 급격한 변화를 겪는 « 역동적인 바다, 동해

또, 동해의 가장 깊은 곳에는 동해저층수가 자리 잡고 있는데, 이 수괴 역시 외부로부터 동해로 유입되는 것이 아니라 동해 북부의 러시아 연안 해역 표층에서 겨울철에 새로 생성되는 것으로 알려져 있어요. 겨울철에 표층 해수가 냉각되며 매우 차가워지고 또 해빙이 형성되며 빠져나온 소금기가 주변 해수의 염분을 높이기 때문에, 러시아 연안 표층수의 밀도는 종종 증가합니다. 이렇게 무거워진 해수는 동해 북부의 사면을 따라 심해 해저면 부근까지

가라앉는다는 점이 알려졌어요. 동해저층수는 항상 일정한 양이 생성되는 것은 아니라서 겨울철 해수면 조건에 따라 1990년대에는 잘 생성되지 않다가 2000년대 이후에 다시 잘 생성되는 쪽으로 변화를 겪었음이 최근 밝혀지기도 했지요.

이처럼 동해는 북태평양과 바로 인접해 있으면서도 그 내부를 전혀 다른 성격의 해수로 채우고, 새로운 수괴가 잘 만들어지지 않다가 다시 만들어지는 등 급격한 변화를 겪고 있는 매우 역동적인 바다예요. 특히 동해는 대양과 유사한 성격이 있어서 '작은 대양'이라고 불리기도 하는데, 그 순환 주기가 대양에 비해 매우 짧으므로 지구 온난화로 인한 대양의 순환을 미리 볼 수 있을 것으로 여겨집니다. 과학자들이 우리 바다 동해를 계속해서 연구하는 이유가 바로 이 때문이지요.

해양의 리듬, 조석과 파랑

22

바다에도 규칙적인 맥박이 있다고?

사람처럼 바다에도 규칙적인 맥박이 있다고요? 이 해양의 맥박은 왜 만들어질까요? 이 맥박을 따라 해수는 어떻게 움직이고 있을까요? 이처럼 규칙적인 움직임이 있다면 미래의 특정 시점에 해수가 어디로 어떻게 흐르게 될지 미리 알아낼 수 있을까요?

해양 과학자들은 바다의 맥박을 재면서 규칙적인 바다의 리듬을 조사합니다. 해수는 계속 일정한 방향으로 흘러가기만 하는 것이 아니라 흐르는 방향을 바꾸어 가며 되돌아오기를 반복하고 빙빙 돌아가며 흐르기도 하지요. 이런 규칙적인 움직임은 마치 사람의 맥박처럼 매우 정확해서 미래에 언제 어떻게 해수가 흐르게 될지를 미리 알아낼 수 있다고 해요.

우리나라 서해안이나 남해안에 가 보면 해수가 밀고 들어오는 밀물 때와 멀리 빠져나가는 썰물 때에 해안선이 달라지는 걸 알 수 있지요? 바로 조석★ 현상 때문이에요. 이처럼 해수가 들어오고 나가는 때('물때'라고 함)가 언제인지 정확히 알 수 있는 이유는 조석 현상에 의한 해수의 움직임이 매우 규칙적이기 때문입니다. 이렇게 규칙적으로 해수의 움직임을 만드는 힘, 즉, 조석을 일으키는 힘('기조력'이라고 함)이 그만큼 규칙적인 리듬에 맞춰 발생한다는 뜻이에요.

» 만유인력과 « 원심력의 차이에 해당하는 힘

지구와 태양과 달 사이의 상대적인 위치는 끊임없이 변하는데, 여기에는 매우 일정한 리듬으로 반복되는 주기적인 움직임이 있

★ 달, 태양 따위의 인력에 의하여 해수면이 주기적으로 높아졌다 낮아졌다 하는 현상. 보통 12시간 25분의 간격으로 하루에 두 번 일어난다.

어요. 태양 주위를 지구가 1년 주기로 공전하고, 지구 주위를 달이 1개월 주기로 공전하며, 지구는 1일 주기로 자전하고 있기 때문이지요.

우선 지구와 달 사이에는 만유인력과 원심력, 두 힘이 존재하고 있어요. 만유인력은 서로 가까워지는 방향으로, 원심력은 서로 멀어지려는 방향으로 작용하며, 그 크기는 서로 같고 방향이 서로 반대인 힘이라서 평형을 이룹니다. 그런데 지구 전체적으로는 평형 상태이지만 지구상의 위치에 따라 상대적으로 만유인력이 더 크거나 반대로 원심력이 더 크거나 하므로 그 차이에 해당하는 힘만큼 해수를 움직이도록 만들 수 있어요.

지구와 태양 사이에도 마찬가지로 만유인력과 원심력이 평형 상태에 있으나, 지구상의 위치에 따라 그 차이에 해당하는 힘(기조력)이 해수를 움직이도록 만들지요.

» 조석 현상이 « 매우 규칙적으로 나타나는 이유

달은 태양에 비해 지구로부터 훨씬 가까이에 위치하기 때문에 달에 의한 기조력은 태양에 의한 기조력의 두 배 이상 큽니다. 따라서 달-태양-지구가 서로 수직으로 위치할 때(상현 혹은 하현, 예: 반달), 태양에 의한 기조력을 달에 의한 기조력이 상쇄시켜 달이 위치한 방향 쪽으로 해수가 더 부풀어 오르게 됩니다. 물론 달-태양-지구가 일직선상에 위치할 때(삭 혹은 망, 예: 보름달), 태양에 의한 기조력과 달에 의한 기조력이 서로 보강하여 더 심하게 해수가 부풀어 오르지요. 해수가 달이나 태양(및 그 정반대) 방향으로 부풀어 오른 상태에서 지구가 자전하기 때문에 하루에 1회 혹은 2회 해수면이 높아졌다 낮아지기를 반복하면서 규칙적으로 해수가 움직이게 되는 것이에요.

지구의 자전 주기와 태양 주변을 도는 공전 주기, 그리고 지구 주변을 도는 달의 공전 주기는 모두 일정하므로 기조력과 조석 현상은 일정한 주기를 가지고 규칙적으로 나타나게 되지요. 태양과 지구와 달의 상대적인 움직임은 매우 정확하게 예측할 수 있어서 조석에 의한 해수의 미래 움직임도 매우 잘 예측할 수 있어요.

즉, 몇 시 몇 분에 밀물에서 썰물로 바뀌어 물이 빠지기 시작할지 정확히 알 수 있다는 것이지요. 물론 미래의 해수 움직임을 모두 다 완벽하게 예측할 수는 없지만 이처럼 규칙적인 조석 현상에 의한 해수의 움직임(조류)만큼은 미래 시점에도 매우 정확하게 예측할 수 있어요.

조석 현상에 의한 해수의 미래 움직임을 예측하기 위해서는 먼저 해당 위치에서 오랜 기간에 걸쳐 해수면 높이가 어떻게 변화했는지 연속적으로 데이터를 수집해야 해요. 이렇게 수집된 데이터를 분석해서 어떤 주기로 언제 얼마 높이로 해수면이 오르내리는지를 파악해야 하기 때문이지요. 이런 분석을 통해 일단 그 지역의 조석 특성을 파악하게 되면 이것은 시간이 지나도 잘 변하지 않기 때문에 매일매일 오르내리는 해수면과 밀물, 썰물의 정확한 시점을 과거뿐 아니라 미래에 대해서도 알아낼 수 있어요. 우리나라 남서해안과 주요 섬들에서 언제 해수가 들어오고 언제 빠질지 정확히 알아낼 수 있는 것은 바로 이렇게 사전에 데이터를 분석해 두었기 때문이에요.

23

바닷물 수위는 얼마나 오르내릴까?

조석 현상에 의해 규칙적으로 해수면이 오르고(고조) 내릴(저조) 때 그 차이(조차)는 얼마나 될까요? 왜 어떤 곳에서는 차이가 크고, 다른 곳에서는 차이가 작을까요? 또, 같은 곳에서도 시간에 따라 차이가 커지기도 하고 작아지기도 하는데, 그 이유는 무엇일까요?

규칙적으로 밀물과 썰물이 반복되면서 해수면도 오르내리기를 반복하는데, 하루 중에도 가장 높아진 고조 때와 가장 낮아진 저조 사이의 해수면 차이를 조차(tidal range)라고 해요(조석 현상에 따른 해수면 높이는 조위라고 함). 고조와 저조 사이의 조위 차이를 의미하는 조차 자체도 항상 일정한 것이 아니라 시간에 따라 변화하는데, 조차가 커지는 시기를 대조기, 작아지는 시기를 소조기라고 불러요.

조차는 주로 달과 태양과 지구 사이의 상대적인 움직임에 따라 변하는 것이기 때문에, 달-태양-지구가 거의 일직선상에 위치할 때 대조기에 해당하고, 달-태양-지구가 서로 직각을 이룰 때 소조기에 해당하지요.

지구상 모든 해역에서 대조기에는 조차가 커지고 소조기에는 조차가 작아지는 특성을 보이지만 그 크기는 해역에 따라 매우 큰 차이를 보여요. 조차가 수 미터에 달하는 매우 큰 해역이 있는가 하면 반대로 조차가 수 센티미터 이내로 매우 작은 해역도 있지요. 우리나라 주변 해역만 하더라도 서해안, 특히 인천과 같은 곳에서는 대조기에 최대 9미터로 세계적으로도 매우 큰 조차를 보이지만, 속초, 묵호, 포항 등의 동해안에서는 대조기에 아무리 조차가 커져도 20센티미터를 잘 넘지 않을 정도로 매우 작아서 뚜렷하게 대비되지요. 한반도는 이처럼 서해안과 동해안에서 서로 완전히 대조적인 조석 특성을 뚜렷하게 관찰할 수 있는 독특한 곳이라고 할 수 있어요.

» 해역마다 «
다른 조차를 만드는 요인

한반도 서쪽과 동쪽에서 이렇게 큰 조차를 보일 정도로 해역마다 다른 조차를 만드는 요인은 뭘까요? 우리나라 서해안과 남해안이 인접한 바다는 수심이 매우 얕은 대륙붕인데, 평균 수심이 1,500미터를 넘을 정도로 대부분 심해로 구성된 동해와는 전혀 다른 바다라 할 수 있어요. 일반적으로 조차는 수심이 얕은 바다에서 크고, 수심이 깊은 바다에서는 작은 특성을 보이지요. 따라서 중국 동해안을 포함하여 우리나라 서해안과 남해안, 그리고 제주도 해안과 같이 황해 및 동중국해에 인접한 해안에서는 모두 조차가 크고, 러시아 연안과 일본 연안을 포함하여 우리나라 동해안, 그리고 울릉도, 독도 해안과 같이 동해에 인접한 해안에서는 조차가 작아요. 다만, 동해안을 따라 남쪽으로 이동하면서 울산과 부산에 이르면 조차가 좀 커지는데, 이것은 동해 남서부에 있는 대한해협이 동해 내부에 비해 훨씬 얕은 해역이라서 그렇지요.

» 목포에서 고조 발생 3시간 후 «
인천에서 고조 발생

조석 현상 역시 해수면에 오르내리는 파도(파랑이라고 함)와 마찬가지인 파동(물결의 움직임) 현상 중 하나로 볼 수 있는데, 규칙적으로 고조와 저조에 이르며 조위를 변화시키는 파동을 조석파라고 해요. 조석파는 북반구에서 반시계 방향으로 회전하며 전파하고,

남반구에서는 시계 방향으로 회전하며 전파하는데, 황해, 동중국해, 동해는 모두 북반구에 위치하니 반시계 방향으로 전파하는 조석파를 볼 수 있어요.

즉, 황해의 동쪽 가장자리인 우리나라 서해안을 따라 북쪽으로 전파하고, 황해의 서쪽 가장자리인 중국 동해안을 따라 남쪽으로 전파하는 조석파가 나타나게 되지요. 동중국해 북쪽 가장자리에 해당하는 우리나라 남해안에서는 서쪽으로 전파하는 조석파가 나타나며, 동해의 서쪽 가장자리에 해당하는 우리나라 동해안에서는 남쪽으로 전파하는 조석파를 볼 수 있어요.

조석파의 전파에 따라 고조와 저조가 조금씩 시차를 두고 순서대로 나타나는데, 서해안을 따라 남부에 위치하는 목포에서 먼저 고조가 발생한 후 약 3시간이 지나면 북부에 위치하는 인천에서 고조가 발생하게 되지요. 남해안에서도 동부에 위치하는 부산에서 먼저 고조가 발생하고 약 4~6시간이 지나야만 서부에 위치하는 목포에서 고조를 볼 수 있어요.

24

이순신 장군이 명량 해전에서 승리한 까닭은?

명량 해전 당시 조선 수군은 어떻게 단 12척의 함선만으로 수백 척의 왜선을 격파할 수 있었을까요? 이 역사적 해전의 승리를 거둔 배경에 조석 현상이 있다고요? 이순신 장군이 이끈 조선 수군은 조석을 어떻게 이용한 걸까요?

당시 해전을 치르는 조선 수군이나 왜 수군의 함선에는 엔진이 없었기 때문에 격군들이 노를 저어 움직여야만 했어요. 그러므로 함선을 원하는 곳으로 이동하려면 해수의 흐름에 큰 영향을 받을 수밖에 없었지요.

명량해협(울돌목)은 조석 현상에 따른 흐름, 즉 밀물과 썰물(조류라고 함)이 유난히 강한 해역으로 알려져 있어요. 우리나라 주변 해역 중 가장 강한 조류가 흐르는 곳이 바로 이곳인데, 명량(鳴梁)이라는 이름 자체도 우는 소리가 들린다는 뜻으로 강한 조류가 부딪히며 나는 소리 때문에 붙인 이름이에요. 명량해협은 우리나라 주변 해역 중에서 조차가 가장 큰 인천 부근보다도 더 강한 조류가 흐르는데, 이 해협의 폭이 매우 좁기 때문이지요.

» 조류의 변화를 유리하게 활용한 « 조선 수군

명량해협의 조류는 항상 일정한 것이 아니라 조석 현상에 의해 규칙적으로 그 세기와 방향이 바뀌어요. 명량 해전 당시 조선 수군과 왜 수군의 출격 시기부터 전투 중 움직인 패턴을 시간에 따른 조류의 변화와 비교해 보면, 조선 수군이 얼마나 조류의 변화를 전장에 유리하게 활용했는지 잘 알 수 있어요.

당시 왜 수군이 출격한 1597년 10월 25일은 대조기로서 조류도 매우 강하고, 조류의 세기와 방향이 시시각각 심하게 바뀌는 시기였지요. 당일 오전 6시 30분은 썰물에서 밀물로 바뀌는 시기

여서 조류를 타고 왜 수군의 함선들이 조선 수군 방향으로 이동하기 수월한 때였어요. 조선 수군은 밀물이 초속 4미터 정도로 매우 강해진 오전 10시경 출격하고 밀물이 조금 약해지기는 했으나 여전히 밀물이 강한 상태인 오전 11시경에 왜 수군과 격돌했어요. 사무라이 무사들과 잘 훈련된 육군 병사들을 수송하는 임무 위주로 작전을 구사하던 왜 수군은 당연히 근접전을 선호했으니 조선 수군의 판옥선에 올라타 백병전을 치르기 위해 밀물을 타고 조선 수군 방향으로 빠르게 이동했지요.

그러나 폭이 300미터 정도로 매우 좁은 해협이라서 옆으로 넓은 대형을 유지하며 이동할 수는 없고 좁고 길게 늘어서는 대형으로 이동해야만 했어요. 이에 맞서 장거리 함포 사격에 유리한 조선 수군의 대형 판옥선은 흔들림을 최소화하고, 대장선을 중심으로 좁은 해협을 한 줄로 가로지르는 왜군을 막으며 근접하는 왜 수군의 함선들을 원거리에서부터 함포로 타격했어요. 길게 늘어선 왜 수군 진영 곳곳에서는 조선 수군의 함포에 파괴된 함선들 수백 척이 서로 엉키고 부딪히며 혼란이 가중되었지요. 마침 한낮이 되자 이제 조류가 밀물에서 썰물로 바뀌기 시작하여 왜선은 더욱 엉켜 버리니 대형을 회복할 수도 없고, 더 이상 진격하기도 후퇴하기도 어려워졌지요.

》해양을 과학적으로 이해한《 이순신 장군

조선 수군의 튼튼한 판옥선은 이때부터 썰물을 타고 서서히 진격하며 혼비백산이 되어 꼼짝달싹 못하거나 도망치기에 급급한 왜선들을 차례대로 수십 척이나 격파했어요. 전투에서 사상자는 대부분 도망치는 적을 추격하는 과정에서 발생한다고 해요. 썰물로 바뀐 후부터 조선 수군이 왜 수군을 크게 격파한 후 오후 2시경에는 왜 수군과 조선 수군이 다시 대치했고, 썰물이 다시 밀물로 바뀌기 직전인 오후 6시 30분경에 조선 수군은 건너편 포구로 이동하게 되지요.

육군 출신이라 진법에도 능했던 이순신 장군은 당시 수군이 잘 구사하지 않았던 원거리 함포전을 위해 학익진 등 다양한 진법을 구사했는데, 이것이 바로 해양을 과학적으로 잘 이해하고 이를 전장에 잘 활용해서 해전을 승리로 이끌 수 있었던 이유였어요. 특히 명량 해전 당시 폭이 매우 좁은 이 해협을 전장으로 선택하고, 강한 조류의 세기와 방향이 바뀌는 시점을 정확히 예측하여 전장에 유리하게 활용했지요. 그로 인해 거의 궤멸했던 조선 수군으로 대규모 왜 수군에 심각한 타격을 주고 전황을 바꾼, 세계적으로도 해전사에서 유례를 찾아보기 어려운 역사를 남겼어요.

25

비바람 없는 날에도 거친 바다를 볼 수 있을까?

흔히 비바람이 부는 몹시 나쁜 날씨에 거친 바다를 볼 수 있는데, 맑고 바람 한 점 없는 날에도 거친 바다를 볼 수 있을까요? 만약 비바람 없는 날에도 거친 바다가 만들어질 수 있다면 그것은 어떻게 가능한 걸까요?

배를 타고 바다에 나가 보면 어느 날은 정말 호수와 같이 고요해서 바다를 다림질했다고 표현할 정도였다가, 또 어떤 날에는 비바람이 불며 모든 것을 집어삼킬 듯 매우 거칠게 풍랑이 일어나곤 하지요. 이렇게 너무나도 변화무쌍한 바다에서 가끔 맑고 구름 하나 바람 한 점 없는 날에도 파고(물결의 높이)가 높아 배가 많이 흔들리는 경우를 볼 때가 있어요. 어째서 해상풍이 없는 날 파고가 높아질 수 있었던 것일까요? 꼭 배를 타고 나가지 않더라도 해안에 밀려오는 파도를 보면, 해상풍이 강한 때에만 높은 파도를 볼 수 있는 것이 아니라 종종 해상풍이 잘 불지 않는 날에도 먼바다로부터 해안으로 높은 파도가 전파해 오는 것을 볼 수 있어요.

》주기가 짧은 풍랑,《
파장과 주기가 긴 너울

여기서 우리는 풍랑(wind seas)과 너울(swells)이라는 두 종류의 파도를 구분해야만 그 이유를 알 수 있어요. 흔히 파도라고 부르는 것은 해상풍에 의해 해수면이 주기적으로 오르내리는 파랑 현상 때문인데, 파랑은 풍랑(혹은 풍파)과 너울 두 가지를 합쳐서 부르는 것이지요. 풍랑은 해상풍이 불면서 파가 새롭게 생성되어 발달하고 있는 상태에서 볼 수 있는 것으로서 주기가 수 초 정도로 짧은 편이에요. 강한 해상풍이 넓은 영역에 걸쳐 오랜 기간 지속될수록 더욱 거친 풍랑이 만들어집니다.

그런데 한번 만들어진 파는 그 자리에만 계속 머물지 않고 멀리까지 전파해 나가므로 해상풍이 약한 고요한 바다에까지 전파되어 파도를 높게 만들 수 있지요. 이렇게 전파되어 온 파를 너울이라고 하는데, 너울은 대체로 주기가 10초 정도로 풍랑에 비해 파장과 주기가 긴 특성을 보여요. 전파 과정에서 파장이 짧고 전파 속도와 에너지가 작은 파동들은 멀리까지 잘 전파하지 못하고 그 전에 쉽게 소멸하기 때문에 너울 형태로 멀리까지 전파한 파는 대체로 파장과 주기가 긴 것들이지요.

주기가 일정한 파랑은 파장과 수심 사이의 관계에 따라 그 전파 특성이 달라집니다. 파장에 비해 수심이 충분히 깊은 심해파 영역에서는 수심에 무관하고 파장이 길수록 전파 속도가 증가하는 특성을 보이지만, 파장에 비해 수심이 충분히 얕은 천해파 영역에서는 파장에 무관하고 수심이 깊을수록 전파 속도가 증가하는 특성을 보이지요.

특히 해안에 가까워지면 천해파 특성을 보이게 되므로 수심이 얕은 곳에서 느리게, 수심이 깊은 곳에서 빠르게 전파되어서 해저 지형을 따라 파의 굴절(꺾임)이 일어나 수심이 일정한 등수심선에 수직인 방향으로 전파하며 해안에 접근해요. 해안에서는 방파제나 구조물 등의 장애물을 만나면 반사될 수도 있으며, 장애물 사이의 틈으로 계속 전파할 수도 있어요. 장애물 뒤쪽으로는 직접 전파하기 어려우나 회절을 통해 일부 에너지를 전달하기도 합니다.

» 이안류가 발생하면 «
해안선에 나란하게 헤엄치기

해안선에 근접하면 파랑의 모양이 큰 변화를 겪으며 하얗게 부서지고 파도 소리를 내기도 하는데, 파의 에너지가 난류 에너지와 소리 에너지 등 다른 형태로 전환되는 과정이라 할 수 있어요. 파가 해안에서 깨지는 형태는 다양하며 이것은 수심 변화와 관련되어 있어요. 파가 해안선에 비스듬하게 전파하고 부서지면서 해안선에 나란한 방향으로 흐르는 흐름을 만들어 내는데, 이러한 흐름을 연안류라고 부르고, 서로 반대 방향으로 흐르는 연안류가 모여 다시 먼바다 쪽으로 흘러 나가는 것은 이안류라고 불러요.

해안가에서 이안류가 발생하면 해변에서 해수욕을 즐기던 사람들이 먼바다로 휩쓸려 가면서 당황하기 쉬운데, 이안류를 바로 거슬러서 해변 쪽으로 헤엄치려고 하지 말고, 해안선에 나란하게 옆으로 헤엄쳐서 이안류로부터 빠져나온 후 해변 쪽으로 헤엄쳐야 해요.

해안에 밀려온 파가 깨지고 연안류를 만들어 흐르면서 해안가 모래 등도 지속적으로 이동시켜요. 그래서 해수욕장 등 모래가 많던 해안에서 모래가 점점 사라지거나 해안이 침식되어 사라지는 곳들도 있고, 반대로 모래가 밀려와 퇴적되면서 새로운 해수욕장이 만들어지기도 하지요.

26

깊은 바닷속에는 파도가 없을까?

배를 타고 먼바다로 나갔을 때 뱃멀미를 하는 것은 배가 많이 흔들리기 때문이지요. 그럼 언제 어디에서 배가 많이 흔들리는 것일까요? 만약 바다 위에 떠 있지 않고 바닷속 깊은 곳까지 내려가면 더 이상 흔들리지 않고 편안한 상태가 될 수 있을까요?

비행기와 다르게 배는 왜 많이 흔들려서 사람들을 뱃멀미로 고통스럽게 할까요? 이것은 아마도 파도가 치는 바다 위를 떠다니기 때문이겠지요. 비행기가 기류를 극복하는 것처럼 배도 해류나 조류를 잘 극복하는데, 해수면이 출렁거리는 파도는 극복할 수 없어서 파도를 따라 흔들리는 것일 테니까요. 배가 많이 흔들리는 것은 거친 파랑(풍랑과 너울)이 존재하는 경우에만 해당하고 호수처럼 잔잔한 바다 위에서는 배를 타고 가면서 흔들림을 거의 경험하지 않지요.

그런데 잠수함이나 잠수정을 타고 바닷속에서 이동하면 어떨까요? 실제로 잠수함이나 잠수정을 타고 10미터 이상 깊은 수심으로 내려가면 해수면에서 출렁이는 파도는 느끼기 어려워집니다. 흔들리지 않으니 당연히 뱃멀미도 없겠지요. 이처럼 수중에서는 매우 고요한데, 해수면 가까이에서는 전후, 좌우, 상하로 파랑에 의한 움직임이 계속되므로 배를 타고 해수면 위에 떠 있으면 흔들림을 느끼는 것이에요.

파도 때문에 흔들리는 것이니 당연히 배가 언제 어디에서 많이 흔들릴지도 잘 알 수 있겠죠? 바로 파고가 높아지는 때에 파고가 높은 해역으로 가면 더 많이 흔들리게 될 겁니다. 너무 많이 흔들려서 배가 전복될 정도로 위험하다면 아예 항해를 금지해야 하겠지요? 언제 어디에서 파고가 높아질지 과학적으로 예측하여 미리 풍랑 주의보, 풍랑 경보 등을 통해 항해 시 주의하거나 항해를 금지하도록 예보하는 것은 안전한 항해를 위해 매우 중요합니다.

특히 태풍이 북상하는 중에는 그 중심 부근에 부는 강풍으로 인해 파고가 극단적으로 높아지므로 부근을 항해하는 것이 너무나도 위험하지요. 그래서 주변의 배들이 모두 가까운 항구로 대피하게 됩니다.

» 깜깜한 암흑 속 세상에서 « 소나를 사용

파도 때문에 흔들리지 않아도 되는 고요한 바닷속으로 잠수함이나 잠수정을 타고 이동하면 뱃멀미도 없고 훨씬 더 좋을 텐데 왜 여전히 사람들은 배를 타고 다니며, 배로 대부분의 물품을 수송하는 것일까요? 배에서는 비행기에서처럼 레이더로 저 멀리 앞에 무엇이 있는지를 '보면서' 다닐 수 있는데, 수중으로 잠수하면 빛이 없어 깜깜한 암흑 속 세상이 되어 버려요. 라이트를 켜도 빛이 그리 멀리까지 밝혀 주지 못하는데, 바로 코앞만 보면서 항해할 수는 없겠죠?

잠수정이나 잠수함에서는 레이더가 아닌 소나(SONAR)를 사용하여 음파를 이용해 소리로 앞에 무엇이 있는지 탐지하면서 이동합니다. 그런데 앞에서 소개했듯이 대기 중에서 곧장 전파하는 전자기파와 달리 수중의 음파는 심하게 굴절하며 전파하므로 해양 내부의 음속을 결정하는 해수의 특성을 잘 이해해야만 소나를 제대로 활용할 수 있어요. 즉, 해양을 과학적으로 잘 알고 있어야 수중에서 눈과 귀의 역할을 대신할 수 있게 한다는 것이지요.

» 잠수함 침몰 사고, « 내부파 때문으로 추정

사실 수중 환경이라고 해서 늘 고요하기만 한 것은 아니에요. 간혹 잠수함 침몰 사고가 발생하여 뉴스에 보도되는데, 그 원인이 명확하지 않을 때도 있지만, 바닷속 내부의 거대한 파도에 의한 사고로 추정되는 때가 있어요. 해수면처럼 해양 내부 수중에도 밀도가 서로 다른 수심 층 사이의 밀도 경계면이 오르내리는 파랑이 존재하고 있는데, 해수면의 표면파와 구분하기 위해 이를 '내부파'라고 부르지요.

내부파는 표면파에 비해 그 진폭이 훨씬 더 크고 주기도 긴 특징이 있어요. 진폭이 큰 것은 100미터를 넘기도 하며 그 주기는 10분 내외예요. 이는 일정한 밀도 경계면에 떠 있는 잠수함이 내부파를 만나면 단지 10분 만에 건물 20~30층 높이에 해당하는 100미터 수심 변화를 겪을 수 있다는 뜻이기도 해요. 바닷속에서 잠수함으로 이동하려면 내부파가 언제 어디에서 생성되어 어디로 전파될지, 그 내부파의 진폭과 주기는 어느 정도인지 등 여러 과학적 연구가 필수적이지요.

27

쓰나미가 오면 먼바다로 도망가라고?

바다에 떠 있는 배로 쓰나미(지진 해일파)가 몰려올 때 오히려 쓰나미가 오고 있는 먼바다 쪽으로 대피하라는 것은 무슨 이유인가요? 왜 쓰나미를 피해 해안으로 도망가지 말라고 하는 것인가요?

2004년 12월 26일, 인도네시아 수마트라 섬에 쓰나미가 발생했어요. 그때 인도네시아를 비롯한 인도양 주변국에서 수십만 명의 인명 피해가 발생했던 이유는 쓰나미에 대해 무방비 상태였기 때문이었어요. 쓰나미가 들이닥치는 상황에 대한 대비가 전혀 없었던 것이죠.

이와 대조적으로 2011년 3월 11일, 동일본(도호쿠) 지진으로 쓰나미가 발생했을 때 비교적 큰 인명 손실을 막을 수 있었던 것은, 미리 지진을 감지하고 쓰나미가 해안에 도달하기 12~15분 전에 쓰나미 대피 경보도 내리는 등의 대비를 했기 때문이에요. 물론 동일본 지진 당시의 대비도 충분한 것은 아니었지요. 쓰나미의 위험을 과소평가하여 후쿠시마 원자력 발전소 폭발 등의 여러 피해를 막지 못했으니까요. 모든 자연재해가 마찬가지이지만 쓰나미도 그 특성을 과학적으로 잘 이해하고 미리 대비하면 그 피해는 얼마든지 줄일 수 있습니다.

》 먼바다에서는 《 쓰나미가 피해를 주지 않아

앞에서 해수면이 출렁이는 파도는 해상에 부는 바람, 즉 해상풍 때문에 만들어진 풍랑과 풍랑이 멀리까지 전파해 온 너울에 의한 것이라 했는데, 해수면의 출렁임이 반드시 해상풍 때문에만 발생하는 것은 아니랍니다. 해저에서 지진이나 해저 사태(육상의 산사태와 비슷한 현상이 해저에서 발생하는 경우)가 발생해도 해수면이 출렁이기 때문에 파도가 만들어질 수 있지요. 특히 해수면이 한 번 출렁이고 나면 그 자리에서만 진동하는 것이 아니라 사방으로 전파하기 때문에 해저 지진이나 해저 사태가 만들어진 위치로부터 동심원 형태로 전파해 나가게 됩니다. 이러한 파동을 쓰나미(tsunami) 혹은 지진 해일파라고 불러요.

그런데 사실 쓰나미가 먼바다에서 만들어질 때 그 진폭이 그리 크지 않고, 파장은 매우 길어서 배를 타고 먼바다에 있다가 쓰나미를 만나도 그 존재를 느끼지 못할 정도입니다. 예를 들면, 쓰나미의 파장은 수십~수백 킬로미터에 달하는데, 파고는 수 미터에 불과하니 1:100,000~1:10,000 정도의 기울기를 가지는, 거의 평탄한 해수면에 해당하지요. 풍파처럼 수 미터의 파고와 100미터 내외의 파장으로 가파른 기울기를 가지는 경우가 없다는 뜻이기도 해요. 먼바다에서 수심이 수천 미터로 깊은 경우, 수십~수백 킬로미터의 거리에 걸쳐서 고작 수 미터의 해수면 높이 변화가 나타나는데 이를 알아차리기 힘들겠지요? 따라서 먼바다에서는 쓰나미가 피해를 주지 않아요.

» 쓰나미가 해안에 도달하면 « 막대한 피해를 가져와

그러나 이 쓰나미가 계속 전파하여 결국 해안에 도달하게 되면 종종 막대한 인명 피해와 재산 피해를 가져오는데, 이것은 수심이 얕아지면서 그 전파 속도가 느려지고 진폭이 급증하기 때문입니다. 앞에서 설명했듯이 쓰나미는 파장이 매우 길므로 수심이 수백, 수천 미터나 되는 심해라고 하더라도 심해파 특성이 아닌, 천해파 특성을 보이게 됩니다(심해파와 천해파의 구분은 절대 수심이 아니라 파장에 비해 수심이 충분히 깊은 정도로 판단함). 천해파는 그 전파 속도가 파장에 무관하고 수심이 얕을수록 감소하므로 수심이 얕아지면 얕아질수록 쓰나미는 천천히 전파하게 되지요.

쓰나미가 해안에 가까워져 수심이 얕아지면서 전파 속도가 감소하게 되면, 파장이 짧아지고 에너지는 수렴하면서 진폭이 증가하게 되는데, 이것이 문제가 되어 피해를 가져오는 것이에요. 실제로 수심이 5,000미터인 해역에서는 쓰나미 전파 속도가 제트기 속도인 시속 800킬로미터에 달하지만, 수심이 100미터로 얕아지면 자동차 속도인 시속 100킬로미터가 되고, 수심이 10미터로 더욱 얕아지면 사람이 전력 질주하는 속도인 시속 36킬로미터까지 느려지게 됩니다. 이 과정에서 진폭은 급증하여 해안에 도달할 때 거대한 바닷물을 밀고 들이닥쳐 해안가 곳곳을 침수시키는 것이지요. 더구나 해안선이 복잡한 연안에서는 좁은 골을 따라 바닷물이 모여들어 더욱 높은 수위로 급격히 오르며 피해 규모를 키우기도 해요.

결국 쓰나미라는 해양 현상도 다른 해양 재해와 마찬가지로 과학적으로 잘 이해하고 미리 대비해야만 피해를 줄일 수 있겠지요. 해안에서 쓰나미를 목격하면 빠르게 해안에서부터 멀리 그리고 높은 곳으로 대피해야 하지만, 만약 배를 타고 앞바다에 떠 있

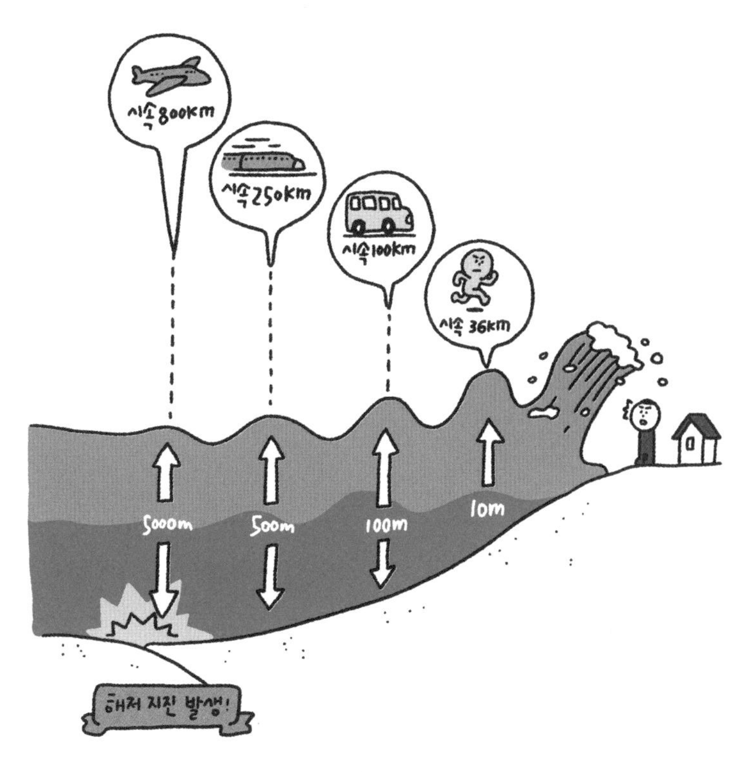

| 지진 해일의 파고 |

는 상태라면 오히려 먼바다로 가야 안전하다는 점도 쓰나미의 과학적 특성을 잘 이해해야만 알 수 있는 점이지요.

명량 해전 속 해양학

아침6시
조선군
왜군
조류 방향
장군님!! 보고 드립니다.
왜군이 현재 밀물에 맞춰 조류를 타고 쳐들어오고 있습니다.
예상대로군!
하지만 이 바다는 우리 손바닥 안!!
절대로 명량해협을 지나게 해선 안 된다. 조류가 바뀔 때까지 목숨을 다해 지켜라!
정오
조선군
왜군
조류 방향
썰물로 조류가 바뀌고 역방향의 강한 조류에 왜군의 진형이 흐트러지고 있군!!
지금이다!! 총공격하라!!
쏴라!!
쾅
으악!
조류에 휩쓸린다!!

일단 후퇴한다!!
훗날을 기약하자...
쾅
크으... 이순신!!
오후 6시
조선군
왜군
조류 방향
왜군이 도망갑니다, 장군님!
이 전투, 우리의 승리입니다!
아니, 이대로 끝이 아니다.
조류가 어느새 반대 방향! 도망치기 힘들어!!
쳐들어올 땐 힘이 되어 줬던 밀물의 조류가 지금은 적들의 퇴각을 방해하고 있을 터.
단 한 놈의 적도
살려 보내지 마라!!!
명량해협의 거센 조수, 밀물과 썰물의 시간까지 꿰뚫고 있었던 이순신 장군님의 지략이 빛난 명량 대첩!!

해양 오염과 해양 자원

28

시추 파이프에서 기름이 새어 나왔다고?

전 지구적으로 산업화 이후 각종 인간 활동에 따라 토양, 대기, 수질 등 지구 환경 곳곳이 오염되었는데, 바닷물도 괜찮지 않겠지요? 바닷물을 오염시키는 요인은 무엇이고, 바닷물이 오염되면 어떤 문제를 가져올까요? 대표적인 해양 오염 사례에는 어떤 것이 있나요?

해양 오염으로 인한 인류 역사상 최대의 환경 재앙을 하나 꼽으라면 2010년 딥워터 호라이즌호 기름 유출 사건을 이야기해야 할 듯합니다. 후에 영화로도 제작되었지요. 2010년 4월 20일, 미국 뉴올리언스 남쪽의 멕시코만 해상에서 영국 국제 석유 회사인 브리티시 페트롤리엄의 시추선 딥워터 호라이즌호가 폭발하는 사고가 발생했어요. 그 이후 벌어진 일련의 과정은 우리가 사는 지구의 해양 생태계가 인간 활동으로 얼마나 심각하게 파괴될 수 있는지를 잘 보여 주었습니다.

4월 22일, 첫 폭발이 있은 지 36시간 만에 시추선 딥워터 호라이즌호는 바닷속으로 침몰했는데, 이것은 화재, 폭발, 침몰과 같은 인재로만 끝나지 않았습니다. 시추선에 연결돼 있던 시추 파이프가 옆으로 쓰러지면서 부러져 기름이 유출되었고, 역사상 최악의 해양 오염이 시작되었기 때문이지요.

그동안 기름 유출로 해양 오염이 발생한 사례는 종종 있었고, 우리나라도 2007년 12월 태안 앞바다에서 삼성 허베이 스피리트호의 기름 유출 사고를 경험했어요. 하지만 딥워터 호라이즌호 사건은 이들과 차원이 다른 피해를 주었지요. 해상에 떠 있는 유조선에서 기름이 유출되는 것이 아니라 수심 1,500미터의 심해 파이프에서 기름이 새어 나와 수중에 어마어마하게 퍼지는, 바로 막아 낼 수도, 눈에 보이지 않는 심해의 오염원을 찾아내기도 어려운 심각한 사고였기 때문이에요.

》 엄청난 기름을 유출한 《
딥워터 호라이즌호 사건

미국 해안 경비대와 영국 브리티시 페트롤리엄사에서 3개월 넘게 기름 유출을 막기 위한 다양한 시도를 했지만 모두 실패했어요. 결국 멕시코만 표면에는 우리나라 절반 이상 크기의 영역이 기름

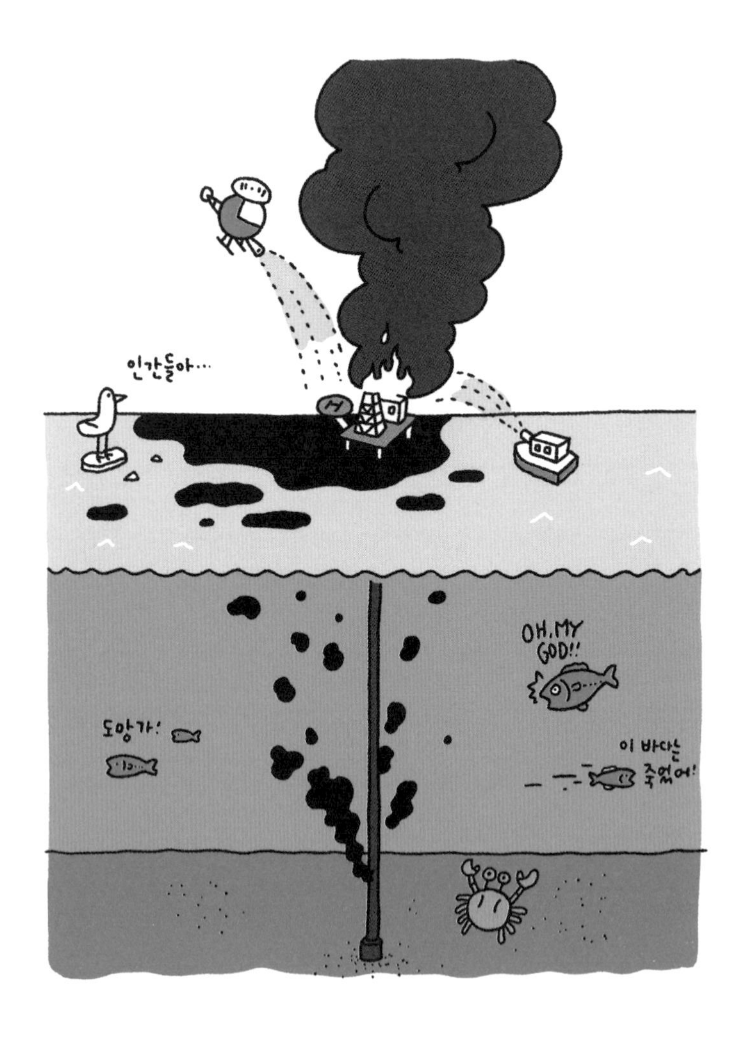

으로 오염되었어요. 마침 사고 해역이 멕시코 만류의 중심에 가까워 유출된 기름이 자칫 해류를 타고 대서양까지 흘러가 전 세계로 피해가 확장될 수 있는 우려까지 제기되는 상황이었지요. 매우 다행스럽게도 그런 최악의 상황으로까지 치닫지는 않았습니다.

당시 멕시코만 심해에서 유출된 기름의 양은 엄청난 규모였습니다. 이틀마다 태안 기름 유출 사고 당시 유출된 기름의 양만큼 흘러나오는 수준이었어요. 우여곡절 끝에 9월 19일에야 사고가 난 유정의 밀봉에 성공했지요. 더 이상 기름이 유출되지 않도록 막는 데에만 5개월이 걸렸고, 그동안 유출된 기름의 양은 태안 기름 유출 사고의 60배가 넘었어요. 이 사고로 인한 경제적인 피해는 미화 1,000억 달러 이상이었다고 하는데, 그보다도 해양 생태계 파괴가 훨씬 심각한 문제였어요. 각종 동식물이 상호의존하며 살아가고 있는 해양 생태계가 무너지면 인류에게도 큰 피해를 주기 때문입니다.

점성이 높은 기름이 공기를 채워 열 손실을 막는 조류의 날개에 붙어 조류가 체온 조절을 못하고 저체온증으로 죽는가 하면, 고래, 돌고래, 물개 등의 다양한 해양 포유동물이 눈, 폐, 장기 등에 손상을 입었어요. 바다 표면의 기름이 막을 형성하면서 해양과 대기 사이의 산소 교환을 차단함에 따라 수중에 산소 공급이 원활하지 않아 호흡하는 수많은 해양 동물들이 산소 부족에 시달리기도 했어요. 또, 바다 표면의 기름이 빛을 차단하여 식물성 플랑크톤이 광합성을 할 수 없게 되면서 더더욱 산소 공급에 어려움을 겪었지요. 멕시코만 해양 생태계 먹이 사슬의 단계에 있는 모든 생물이 큰 피해를 받으면서 생태계가 심각하게 뒤흔들리고 무너졌습니다.

» 해류를 타고 이동하는 « 해양 쓰레기

그런데 해양 오염을 발생시키는 사례는 기름 유출만 있는 것이 아니에요. 기름 유출 외에도 오늘날 인류는 여러 방식으로 해양 오염을 발생시켜 결국 그 피해를 고스란히 받고 있어요. 생활 하수, 농축산 폐수, 중금속 물질, 유기 독성 물질 등이 바다에 흘러가서 다양한 오염 문제를 일으키며, 우리가 버린 각종 쓰레기도 오늘날 심각한 해양 오염과 해양 생태계 파괴를 가져오고 있어요.

우리나라는 2016년이 되어서야 해양 쓰레기 투기를 금지했는데, 그동안 투기했던 쓰레기양이 너무 많아 연안 바다 오염을 심각하게 만들었어요. 이 쓰레기가 종종 선박 운항에 위험을 초래하기도 하고, 해양 생태계도 심각하게 파괴하고 있지요. 꼭 쓰레기 투기가 아니더라도 쓰나미가 해안가 일대의 집, 건물, 가재도구, 나무 등 모든 것들을 흔적도 없이 휩쓸고 가 버리면 바다로 흘러가 해양 쓰레기가 됩니다. 대부분은 시간이 오래 지나면 잘게 부서지고 자연적으로 분해되지만, 인공적으로 만든 플라스틱 물건들은 잘 분해되거나 썩지 않고 계속 바다에 남아 문제를 일으키지요.

북태평양에서는 '태평양 거대 쓰레기 섬(Great Pacific Garbage Patch, GPGP)'으로 불리는 거대한 규모의 쓰레기 섬이 발견되었어요. 인류가 만든 가장 큰 인공물이라고 하는 이 거대 쓰레기 섬의 면적은 우리나라의 16배 정도이며, 여기에 있는 해양 쓰레기의 무게는 수백만 톤 이상으로 추정되고 있어요. 이 쓰레기 섬에는 자연적으로 잘 분해되지 않는 플라스틱, 특히 여러 가지 폐플라스틱, 폐그물 등이 있는데, 쓰나미가 아니어도 매년 바다로 유입되는 새로운 플라스틱 쓰레기는 8백만 톤에 육박하는 것으로 알려져 있습니다.

플라스틱 쓰레기는 시간이 오래 지나면 잘게 부서지기는 하지만 크기가 작아진다고 사라지는 것이 아니라서 미세 플라스틱이 되어 계속 바다에 머물면서 해양 생태계에 심각한 피해를 줍니다. 해양 포유류의 창자에서 수천 개의 플라스틱 조각이 발견된 것은 이런 이유이지요. 현재 120여 종의 해양 포유류 중 약 54%가 미세 플라스틱으로 인해 고통받고 있다고 합니다.

또, 식물성 플랑크톤이 먹이로 오인하여 미세 플라스틱을 먹고, 이 플랑크톤을 잡아먹는 해양 동물들에게도 플라스틱이 축적되고 있어요. 결국 먹이사슬의 정점에 있는 우리 인간의 식탁에까지 플라스틱이 올라오는 것이니 큰 문제입니다.

해류를 타고 이동하는 해양 쓰레기는 북태평양의 거대 쓰레기 섬에만 있는 것이 아니라서, 해류로 둘러싸인 남태평양, 북대서양, 남대서양, 인도양의 한가운데서도 만들어집니다. 해상에 부는 무역풍과 편서풍은 대양 표면에 마찰 응력을 가하며 운동량을 전달하므로 해류를 생성합니다(풍성 순환). 풍성 순환은 북반구에서는 시계 방향, 남반구에서는 반시계 방향으로 회전하는 해류로 둘러싸인 환류 구조를 잘 설명하는데, 이 거대한 환류 내부에서는 해류가 약하고 바닷물이 수렴하므로 해양 쓰레기가 모두 모이는 것이지요.

29

태평양 거대 쓰레기 섬을 어떻게 없앨까?

앞에서 대양 거대 쓰레기 문제를 소개했는데, 이를 해결할 방법은 없을까요? 자꾸만 쌓여 가는 해양 쓰레기 문제를 해결하기 위해서는 어떤 노력이 필요할까요?

해양 쓰레기 오염 문제는 계속해서 쓰레기들이 바다로 유입되고 있는 한 해결되지 않습니다. 당연히 쓰레기의 해양 유입을 막는 것이 중요하지요. 쓰레기 해양 투기를 금지하고, 해양으로 유출되는 각종 쓰레기를 강 하구에서부터 수거해서 바다로 쓰레기가 흘러가지 않도록 해야 합니다. 쓰레기의 추가적인 유입을 막는 노력과 동시에 해류로 둘러싸인 환류 내부에 어마어마한 규모로 축적된 거대 쓰레기를 치우기 위한 노력도 중요합니다.

그런데 엄청난 규모의 쓰레기가 모여 있는 태평양 거대 쓰레기 섬에 존재하는 쓰레기양은 고작 몇 척의 배를 타고 가서 1~2개월 수거한다고 없앨 수 있는 수준이 아닙니다. 수백 척, 수천 척의 배가 가서 수십 년 동안 수거 작업을 벌여도 모두 치울 수 있을지 알기 어려운 양이지요. 더구나 자국의 영해나 배타적 경제 수역이 아닌 공해상에 천문학적인 비용을 들여서 쓰레기를 수거하고, 다시 그 처리 비용까지 감당하려는 국가는 찾기 어려울 것입니다. 거대 쓰레기는 정확한 양과 규모, 분포를 파악하는 것조차 쉬운 일이 아니기 때문에 해결하기 곤란한 문제임이 틀림없지요.

》보얀 슬랫, 열여덟 살에《 오션클린업 창립

거대 쓰레기 해양 오염 문제는 인류의 건강과 생명까지 위협하는 심각한 문제로서 반드시 해결해야만 하는 것인데, 여기에 발 벗고 나선 사람들이 있습니다. 네덜란드 청년 보얀 슬랫은 열여섯 살

때 그리스 바다에서 다이빙을 하던 중 엄청난 플라스틱 쓰레기가 바다를 오염시키는 것을 보고 충격을 받아 해양 쓰레기를 없애는 방법을 고민하기 시작했지요. 보얀 슬랫이 떠올린 아이디어는 '해류에 의해 모여드는 쓰레기를, 역으로 해류를 이용해 수거'하는 것이었습니다.

그는 여러 해양 과학자와 자원봉사자들의 도움으로 2013년, 열여덟 살의 나이에 비영리 단체 '오션클린업(The Ocean Cleanup)'을 설립합니다. 크라우드 펀딩으로 필요한 자금을 조달하고, 아이디어를 구체화해 나가면서 해양 쓰레기 수거 장치 테스트도 진행하지요. 사람들의 의구심에도 불구하고 2014년 6월, 보얀 슬랫과 과학자들은 해류를 이용하는 방법으로 태평양 거대 쓰레기 섬의 절반 정도를 없앨 수 있다는 것을 입증했습니다.

오션클린업에서 해양 쓰레기를 수거하려는 원리는 해상에 떠 있는 U자형 파이프 아래에 커튼을 달아서 커튼 막 아래로 각종 해양 동물은 자유롭게 통과할 수 있도록 하면서, 해양 쓰레기는 통과하지 못하고 걸려들게 해 쓰레기가 한곳에 모이도록 하는 것입니다. 특히 바람, 파도, 해류를 이용해서 떠다니는 파이프와 커튼 막이 저절로 쓰레기를 모으는 것이라서 별도의 큰 에너지가 필요하지 않습니다. 또, 오랜 기간 바다에 계속 떠 있으면서 쓰레기 수거가 가능한 장점이 있지요. 필요한 전력은 태양열 발전으로 얻고, 쓰레기 수거를 위해 장치를 흔들거나 끄는 모든 과정에서 해양 에너지(바람, 파도, 해류)만을 사용합니다. 이러한 장치를 사용

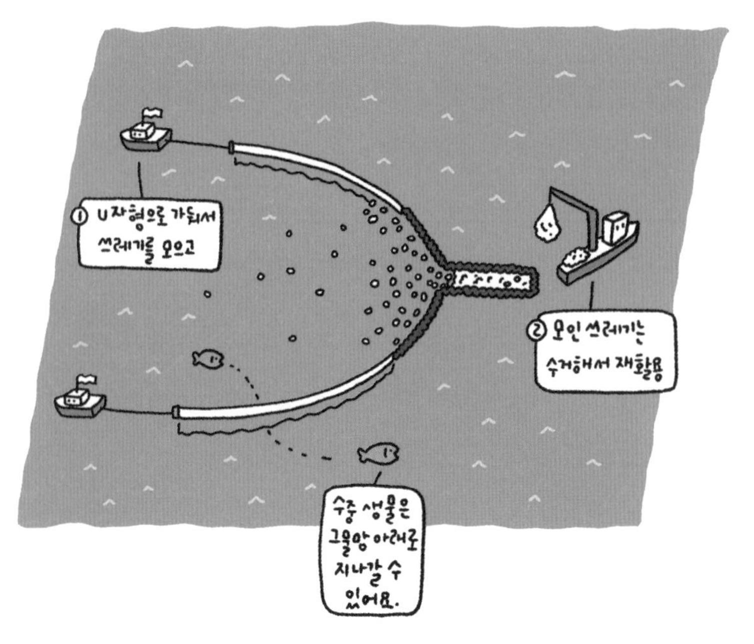

| 해양 쓰레기 수거 장치 |

하면 빠른 속도와 적은 비용으로 거대한 양의 쓰레기를 수거할 수 있다고 합니다. 물론 실제 해양에 이를 적용하기 위해서는 예상치 못한 여러 난관들을 해결하는 등의 추가적인 노력이 병행되어야 하겠지만, 오션클린업의 사례는 실효성을 떠나 공해상의 거대한 해양 쓰레기를 수거하기 위한 좋은 시도임이 틀림없습니다.

오션클린업은 2015년 '메가 탐사 프로젝트'를 진행하여 30척의 선박을 이끌고 플라스틱 쓰레기 밀집 구역에 찾아가 현장 관측 데이터를 수집하고, 그물로 플라스틱 쓰레기 조각들을 수거해서 크기 측정 및 분류 작업도 했습니다. 또 오션포스원이라는 비행기를 동원하여 이 해역의 항공 탐사도 진행했지요. 관측 전문가들과 함께 여러 가지 관측 장비들을 동원해 사진을 찍고 크기, 색, 종류를 분류했어요. 오션클린업에서는 2040년까지 해양 플라스틱 쓰레기의 90%를 수거할 수 있다고 하는데, 앞으로 오션클린업이 거대 쓰레기를 얼마나 제거하여 이를 재활용할지 관심을 가지고 응원하며 지켜볼 일입니다.

》우리나라 해양 쓰레기《 업사이클링 프로젝트

최근에는 국내에서도 해양 쓰레기 자원 순환 솔루션에 앞장서는 기업이 등장했어요. 우리나라 주변 해역으로 유입되는 쓰레기를 하천에서 수거하는 동시에 어디에서 얼마나 쓰레기가 생겨나는지 감시하며 통합 관리하지요. 또, 수거된 해양 쓰레기를 다시 자원화하여 새로운 가치를 창출하는 프로젝트를 추진하고 있어요. 이처럼 해양 쓰레기에 새로운 생명을 불어넣는 업사이클링 프로젝트는 해양 쓰레기 자원 순환 시스템을 만드는 좋은 선례가 될 것입니다. 또한 쓰레기로 인한 해양 오염과 해양 생태계 파괴를 막는 중요한 역할을 담당할 것입니다.

30

바닷속에는 어떤 자원이 있을까?

지구는 물의 행성이라고 할 정도로 거대한 바다가 있어서 바닷물이 넘쳐 나는데, 왜 물 부족을 이야기할까요? 바닷속에는 수자원 외에 어떤 자원이 있으며, 다양한 해양 자원을 탐사하기 위해 어떤 일들이 진행 중일까요?

지구에서 물 자원 부족은 심각한 위기 요인입니다. 물, 에너지, 식량 부족으로 전 세계적인 갈등이 증폭되는 이유는 유한한 지구의 자원량을 초과해서 우리 인류의 자원 소비량이 계속 늘어나고 있기 때문입니다. 이대로라면 2030년에는 전 세계 담수의 40%가 부족해지고 식량과 에너지 갈등이 심화될 것이라는 전망도 있지요. 석유 전쟁과 차원이 다른 물 전쟁을 우려하는 목소리가 높은 것도 이 때문입니다. 석유는 모자라면 다른 연료를 찾을 수라도 있지만 생명의 근원인 물은 결코 대체 불가능하니 더더욱 그렇지요.

» 바다는 물뿐 아니라 « 식량, 에너지, 자원의 보고

사실 지구는 물이 부족한 행성이 아니지요. 앞에서 총부피 13억 세제곱킬로미터(km^3)의 해수가 담겨 있어 지구상 해수의 총질량이 무려 13억 곱하기 10억 톤을 초과한다고 했는데, 이런 물의 행성에서 지구인이 수자원 부족을 걱정해야 하는 것은 아이러니가 아닐 수 없지요.

인류는 지구상 존재하는 물의 불과 1%도 되지 않는 강물과 호수 등만을 수자원으로 활용하고 있을 뿐, 97.5% 이상을 차지하는(나머지 2.5%는 대부분 빙하 형태로 존재) 충분한 해수를 제대로 활용하지 못하고 있습니다. 해수를 식수와 농업용수 등에 제대로 활용하면 수자원 부족을 더는 걱정할 이유가 없지요. 특히 기후 위기가 심화하며 폭우, 홍수, 가뭄, 폭염, 산불이 발생하는 일이 점점 빈번해지며 물 관리의 어려움을 주고 있어서 앞으로는 수자원으로서 해수를 활용하려는 노력이 더더욱 중요해질 것입니다.

더구나 바다는 물로만 구성된 것이 아니라, 그 자체로 식량, 에너지, 자원의 보고입니다. 역동적인 바다로부터 다양한 청정에너지를 추출할 수 있고, 수십만 종의 해양 생물이 서식하는 해양 생태계에는 우리가 수산 자원으로 활용하는 여러 종류의 수산물도 끊임없이 생산되고 있어요. 또 심해저 천연자원도 무궁무진하고, 해양 천연물로부터 신약을 개발하기도 하지요.

과학 저널 〈네이처〉는 해양 생태계의 연간 생산 가치를 육상 생태계의 연간 생산 가치의 2배 이상으로 추정하는 연구 결과를 소개했어요. 숨겨진 바다 자원의 경제적 효과는 2,800조 원 이상에 이를 것이라 추산할 정도로 바다는 그야말로 개척되지 않은 블루오션 덩어리인 셈이에요.

》 우리나라의 《 해양 관측 및 탐사 기술

해양 과학 기술의 발달로 조만간 바다의 각종 자원을 본격적으로 활용하게 되면 물 부족 문제뿐만 아니라 식량, 에너지를 비롯하여 인류가 직면한 각종 문제를 푸는 새로운 해법들을 찾아낼 수 있게 될 것이에요. 그동안 바다는 접근성이 우주보다도 더 떨어져 여전히 상당 부분을 미지의 영역으로 남겨 뒀지만 오늘날 해양 관측 및 탐사 기술이 비약적으로 발전했어요. 과거 챌린저호 탐사 당시에는 상상조차 하지 못했던 방식으로 다양한 관측 및 탐사 장비들을 활용하며 수중은 물론 심해저까지 면밀하게 조사하고 있지요. 인류가 바다로 눈을 돌린다면 머지않아 새로운 도전과 기회를 수없이 보게 될 것이에요.

우리나라에서도 최근 국내 기술로 건조된 6천 톤급의 대형 연구 조사선 이사부호와 쇄빙 연구선 아라온호 등을 활용하여 연근해뿐만 아니라 대양과 극지 결빙 해역까지 진출하고 있어요. 승선 조사는 물론 원격 무인 탐사정, 무인 관측과 자율 제어 수중 로봇 등을 활용하여 해상, 해표면, 수중, 심해저 탐사를 활발하게 하고 있습니다.

31

심해저 광물 자원을 개발한다고?

해수를 수자원으로 활용하거나 해양으로부터 에너지를 추출하기 위해서는 많은 노력이 필요합니다. 미래를 위해 수산 자원을 어떻게 활용해야 좋을까요? 또 심해저 지하자원을 활용하기 위해서는 어떤 노력을 해야 할까요?

바다의 다양한 해양 자원은 아직 본격적으로 활용 중이라고 할 수 없습니다. 잘 알아야 제대로 활용할 수 있는 것이니, 기초 해양 환경을 먼저 과학적으로 이해하기 위해 각종 관측과 탐사가 우선시되고 있어서 그렇지요. 그러나 인류의 해양 접근성이 크게 향상되며 기초 해양 환경에 대한 이해도가 높아지면서 최근에는 각종 해양 자원 활용을 위한 다양한 시도를 할 수 있게 되었어요.

》 해양 심층수 연구와 《
해양 에너지 개발 기술

해수를 활용하는 방법으로 세계 각국은 해양 심층수 연구와 산업화에 노력을 기울이고 있어요. 학술적인 의미의 심층수와는 그 개념이 좀 다르나 수심 200미터 아래의 해수 전체를 의미하는 심층수를 상품화하여 활용하려는 시도이지요. 특히 일본에서는 음료, 스파(spa), 각종 건강 상품으로 이미 해양 심층수 시장을 형성했고, 우리나라에서도 2000년대부터 정부 차원의 해양 심층수 산업 지원이 이루어지고 있어요. 또, 해수에서 염분 등을 제거하여 식수, 생활용수, 공업용수 등으로 사용하는 해수 담수화(desalination) 기술을 개발하여 물 부족 문제에 대응하고 있기도 합니다.

해상에 부는 바람부터, 해표면의 출렁이는 파도, 매일 끊임없이 해수면을 오르내리도록 만드는 조석, 조석 현상에 의해 규칙적으로 그 흐름을 바꾸는 조류, 시공간적으로 크게 변화하는 해수의 온도(수온)에 이르기까지 바다의 역동성을 전기 에너지로 바꾸기 위한 시도들도 있어요. 기후 위기가 심화하며 그 원인으로 지목된 온실가스를 감축하는 일은 날로 더욱 중요해지고 있어요. 각국은 화력 발전소 의존도를 줄이기 위해 값싸고 효율적인 청정에너지 개발에 앞다투어 투자하고 있습니다. 이에 따라 각종 해양 에너지 발전 기술도 개발 중인데, 해상 풍력 발전은 이미 상용화되어 곳곳에서 활용되는 대표적인 해양 에너지 발전 사례라 할 수 있지요.

앞으로는 해상 풍력 발전 외에도 파력 발전, 조력 발전, 조류 발전, 해양 온도차 발전 등 무한한 재생 에너지인 해양 에너지를 활용하는 사례가 꾸준히 늘어날 것으로 전망됩니다.

》 다양한 생물 자원과 《 심해저 광물 자원 활용

바닷속에 사는 다양한 생물 자원을 활용하기 위한 시도들도 있어요. 스스로 헤엄치지 못하고 수동적으로 떠다니는 부유 생물, 해류를 거슬러 스스로 헤엄치는 유영 생물, 해저 가까이에서 기어다니는 저서 생물 등 매우 다양한 해양 생물 자원을 효율적이고 지속 가능한 방식으로 관리하는 일이 중요해지고 있습니다. 특히 생태계 현상과 흐름에 기반해서 수산 자원을 관리함으로써 수산 자원 활용성을 극대화하는 방향으로 나아가는 중이지요.

오늘날 수산 자원에 대한 규제와 잘 늘어나지 않는 어획량에도 불구하고 꾸준히 수산 자원량이 늘고 있는 것은 양식 생산량이 늘고 있기 때문입니다. 수산업이 첨단 산업화하며 양식 생산량이 앞으로도 계속 증가할 것으로 전망됩니다. 과거에는 개척하기 어려웠던 해양 생태계가 최근 환경 공학, 정보 통신 기술, 생명 과학 등의 발전에 힘입어 첨단 산업 기술과 접목되며 상당한 부가가치를 만드는 블루오션이 되고 있습니다.

마지막으로 심해저 광물 자원 활용을 위한 탐사도 활발하게 진행 중인데, 해수 중 녹아 있거나 해저에 매장되어 있는 유용한 해양 광물 자원 활용을 위한 다양한 시도가 있어요. 석유, 천연가스, 구리 등의 다양한 천연자원 중에서도 수심 1,000미터 아래의 심해저에 있는 희귀 금속을 심해저 광물 자원이라 해요.

심해에는 심해의 노다지라고 알려진 망간 단괴(망간, 구리, 니켈, 철, 코발트 등을 함유한 검은 갈색의 덩어리)가 약 5,000억 톤 정도 매장되어 있는 것으로 추정되어요. 메탄가스를 만들어 낼 수 있는 고체 형태의 물질인 메탄 하이드레이트는 전 세계가 5,000년 동안 사용할 수 있는 양이 매장되어 있다고 알려져 있어요. 또, 주로 화산 활동이 활발한 해저에서 섭씨 300~400도의 열수가 분출되며 차가운 해수를 만나 금, 은, 구리, 아연 등의 중금속류가 황 화합물 형태로 침전된 해저 열수 광상도 곳곳에서 발견되고 있지요.

끝없는 신비와 자원이 있는 곳이 바다이지만, 새로운 미래 해양 자원을 대하는 자세는 과거 육상 자원의 무분별한 소비와 폐기의 행태에서 벗어나야 할 것입니다. 자원의 유한함을 인식하고, 미래 세대와 나누어 지속 가능한 방식으로 사용하는 자원 선순환 구조를 만드는 것이 점점 중요해집니다.

딥워터 호라이즌호 사고

2010년, 미국 멕시코만 바다에서
인류 역사에 남을 재앙이 발생합니다.

① 2010년 4월 20일
석유 시추선 폭발

콰앙

으악

0m

87일간 바다로
유출된 원유량
490만 배럴
(16억 5천만 리터)

② 2010년 4월 22일
석유 시추선 침몰

1,500m

③ 2010년 4월 22일
시추 파이프 부러지며
원유 유출 시작

④ 2010년 9월 19일
원유 유출 구멍
막기 성공

5,500m

원유층

사고 이후 주변 환경은 어떤 영향을 받았을까요?
갈색 펠리컨
전체의 12% 죽음
사망 추정
조류 개체수
100만 마리
한반도 전체 넓이보다 넓은
약 24만km²의 바다가 오염
83억 마리
이상의 굴 죽음
대서양 청새치의
12%가 오염
17만 마리
바다거북 죽음
5,000마리 이상의
바다 포유류 죽음
사망한 돌고래만
1,300마리 이상
물고기 체내 오일 농도
8배 이상 증가
유출된 메탄가스는
100% 심해에 침전
해저 침전물 영향은 최소 40년 이상 지속될 것이라 추정

해양과 기후

32

지구 온난화로 해수의 수온도 오르고 있을까?

기후가 변하면서 지구 온난화로 증가한 열의 대부분은 어디에 흡수되었을까요? 지구 온난화로 대기의 기온만 상승한 것이 아니고 해수의 수온까지 상승하고 있나요? 해수의 수온은 어디에서 얼마나 오르고 있을까요? 앞으로도 계속 오를까요?

태양으로부터 지구로 들어오는 열에너지는 거의 일정한데, 인류가 배출한 온실가스로 인해 온실 효과가 강화되며 지구로부터 우주로 빠져나가는 열에너지는 점점 줄어들고 있어요. 이런 이유로 지구에는 열에너지가 축적되면서 지구 온난화가 진행 중인데, 이렇게 증가한 열에너지는 지구 내부에서 대부분 해양에 흡수되었고, 대기, 대륙, 빙하에 흡수된 열에너지는 10%도 되지 않아요. 즉, 지구 온난화로 증가한 열의 90% 이상이 해양에 흡수되고 있다는 의미지요.

그럼 이렇게 많은 열에너지를 흡수한 해양에서는 과연 어떤 일이 생길까요? 당연히 해수의 수온은 증가하겠지요? 물론 광활한 해양 내 모든 영역과 모든 수심에서 수온이 오르는 것은 아니지만 해양 전체적으로는 흡수된 열이 늘어나며 분명하게 수온이 오르고 있어요. 원래 해수는 육상의 여러 물질에 비해 비열★이 높아서 쉽게 수온이 오르거나 내리기가 어려운데, 아무리 비열이 높아도 워낙 많은 양의 열에너지가 흡수되고 있어서 수온 증가를 막을 수 없지요.

★ 단위 질량에 가해진 열량과 이에 따른 온도 변화의 비를 말한다. 물질 1그램의 온도를 1℃ 올리는 데 드는 열량과 물 1그램의 온도를 1℃ 올리는 데 드는 열량과의 비율. 물의 비열은 1cal/g/℃로서, 상대적으로 매우 큰 편이다.

» 웜풀 해역의 온도가 « 섭씨 30도를 넘어

물론 수온이 오른다고 해서 해수가 펄펄 끓을 정도로 높은 온도까지 오르는 것은 아니에요. 끓는점보다는 훨씬 낮은 온도이지만 과거에 비해 서서히 수온이 높아지고 있는 것이 관측된다는 의미예요. 비열이 높은 해수의 수온은 대기의 기온이나 땅의 지온처럼 섭씨 40도, 50도가 넘는 매우 높은 온도로 오르기는 어려워요. 해양 내에서 가장 수온이 높은 해수는 열대 인도양과 열대 태평양에 위치하며, 수온이 높아 따뜻하다는 의미로 웜풀(warm pool) 해역으로 불려요. 기후 변화로 열에너지가 해양 내에 축적되면서 웜풀 해역의 온도가 올라가 종종 섭씨 30도를 넘기기도 하며, 웜풀 해역의 면적이 과거에 비해 점점 더 증가하고 있어요.

북극해나 남극 대륙 부근의 고위도 해역에서는 해수의 수온이 어는점(담수의 어는점보다 낮은 온도)에 가까울 때가 있는데, 어는점보다도 낮아지면 빙하가 되어 버리며, 이러한 빙하는 바다의 빙하라는 의미로 해빙(sea ice)이라고 해요. 그런데 기후 변화로 해양에 열에너지가 많이 흡수되어 해빙이 과거에 비해 점점 적게 만들어지고 있지요. 원래 해빙이 만들어질 때 빠져나오는 소금기가 주변 해수의 염분을 증가시켜 무거운 해수가 되고 이것이 가라앉아 심층 해수가 만들어지는 것인데, 해빙이 잘 형성되지 않아 심층 해수가 잘 만들어지기 어려운 점도 문제로 지적되고 있어요. 심층 해수가 잘 만들어져야 해양 순환도 원활하게 이루어지기 때문이죠.

이처럼 온실 효과가 강화되며 지구에 축적되고 있는 대부분의 열에너지가 해양에 흡수되면서 해수의 수온은 지속해서 증가하고 있어요. 이것은 웜풀 해역의 확장과 해빙 면적의 감소 등 여러 파급 효과를 가져옵니다. 전반적인 해수의 수온이 증가하면서 해양 열파라 부르는 유난히 높은 수온을 가지는 해수도 곳곳에서 자주 출현하고 있어요. 이것은 이상 고수온 현상으로도 부르며 높아진 수온에 따른 환경 조건의 변화가 해양 생태계에 심각한 피해를 주기 때문에 과학자들이 최근 주목하는 연구 주제입니다.

33

기후 변화로 해수면이 상승하는 이유는?

기후가 변하면서 해수면이 상승한다고 하는데, 그 이유는 뭘까요? 조석 현상 때문에 해수면은 끊임없이 오르내리고 있는 것 아니던가요? 원래 해수면이 오르내리고 있는데 새삼스럽게 기후 변화로 해수면이 올라간다는 것은 무슨 의미일까요?

기후는 장기간의 평균 상태를 말하는 것이라서 매일매일 변화무쌍한 기상(날씨)과는 완전히 다른 개념이에요. 어제보다 오늘 기온이 5도 낮아졌다고 하면 기상 변화를 말하는 것이지 기후 이야기가 아니지요. 그러나 만약 최근 30년 동안 4월 아침 최저 기온이 1도 올랐다고 하면 더 이상 기상 변화가 아니라 기후 변화 이야기가 됩니다.

마찬가지로 조석 현상에 따라 매일 오르내리는 해수면은 기상 변화처럼 매일 끊임없이 변화하는 해수면의 오르내림을 이야기하는 것이라서, 기후 변화로 나타나고 있는 해수면 상승과는 완전히 다른 개념이에요. 조석 현상이 아니더라도 기압이 낮은 태풍이 해안가에 접근하면 해수면이 들려 올라가며 폭풍 해일이 발생하기도 해요. 또 해저에서 지진이 발생하거나 해저 사태에 의해 해수면이 변화하면 지진 해일이 발생하여 해수면을 움직이게 만들기도 하지요. 이들은 모두 일시적인 해수면 변화이지 장기적으로 서서히 상승하는 기후 변화에 관련된 해수면 상승이 아니에요.

》 기후 변화로 빙하가 녹고, 《 바닷물의 수온이 오르고

이처럼 기후 변화가 있기 전에도 해수면은 끊임없이 오르내리며 변화무쌍한 움직임을 보여 왔어요. 그렇다면 기후 변화로 해수면이 오르는 것은 이렇게 변화무쌍한 해수면의 움직임과는 어떻게 다른 것일까요? 시시각각 오르내리는 해수면과 달리 기후가 변화

하며 장기간에 걸쳐 해수면이 계속해서 오르는 현상에는 여러 원인이 지목되고 있으나, 무엇보다도 그린란드와 남극 대륙에 빙상(ice sheet) 형태로 존재하는 빙하가 기후 변화에 따라 녹아내리고 부서지며 바다로 유입되는 양이 늘어나고 있는 것이 주된 원인이지요.

또 기후 변화로 빙하가 녹아 바다로 흘러가지 않더라도 기후 변화로 바닷물의 수온이 오르기 때문에 열팽창 효과에 의해서도 해수면이 상승해요. 이 또한 수온이 지속해서 오르면서 해수면이 장기적으로 서서히 오르고 있으므로 변화무쌍한 해수면의 움직임과는 구별되는 현상이에요. 그 외에도 기후 변화로 만년설이 녹아 바다로 흘러가고, 해수의 증발보다 강수 형태로 내리는 비나 눈이 점점 더 많아져도, 더 많은 물이 강에서 바다로 흘러가게 되면서 해수면이 오르게 되어요.

이렇게 기후 변화로 나타나는 해수면 상승은 매일 시시각각 오르내리는 해수면 움직임과 달리 서서히, 그러나 지속해서 나타나고 있어서 오늘날 심각한 기후 변화 문제 가운데 하나로 꼽히고 있습니다.

34

바닷물은 산성일까, 염기성일까?

해양 산성화는 바닷물에 이산화 탄소가 용해되어 점차 산도가 강화되는 현상을 말하지요. 그렇다면 바닷물은 산성일까요, 염기성일까요? 해양 산성화가 전 지구 규모의 환경 파괴 사례로 언급되는 이유는 뭘까요?

해수의 pH(수소 이온 농도를 지수로 나타낸 것)는 8 정도 혹은 이보다 조금 더 크기 때문에 약한 염기성(약알칼리성)을 띠고 있다고 할 수 있어요. pH가 3 정도인 식초나 1 정도인 염산처럼 산성은 아니지요. 그런데 인류가 산업화 이후 이산화 탄소와 같은 온실가스를 대기 중으로 많이 배출한 결과, 대기뿐 아니라 해양에 흡수되는 탄소도 함께 증가하기 때문에 해양 내 용존 탄소 농도 역시 증가하고 있어요.

문제는 해수 내에 용존 탄소 농도가 증가하면 화학 반응을 통해 수소 이온 농도를 증가시켜 pH를 낮아지게 만든다는 것이지요. 이렇게 해수의 pH가 점점 낮아지면서 해수가 점차 '산성화'되고 있으므로 이를 해양 산성화라고 부릅니다.

》해양 산성화, 《 매우 빠르게 진행돼

해수의 pH가 낮아지는 일은 오랜 지구의 역사에서 과거에도 있었을 것으로 추정되어요. 하지만 산업화 이후 나타나고 있는 해양 산성화는 전례를 볼 수 없을 정도로 매우 빠르게 진행되고 있어서 우려가 큽니다. 즉, 인간 활동과 무관하게 자연 변동성에 따라 해수의 pH가 오르고 내리기를 반복했지만 매우 서서히 일어났던 변화였는데, 산업화 이후 지금 나타나고 있는 10~100배나 빠른 속도의 pH 감소 현상은 수천 년 동안 볼 수 없었던 심각한 문제라는 것이지요.

》해양 생물의 생존을 위협하는《 해양 산성화

해양 산성화가 진행되면서 바닷속에 사는 각종 동식물은 그 영향을 피할 수 없게 되었어요. 과학자들이 우려하는 이유는 모든 해양 생물종이 이처럼 빠른 환경 변화에 잘 적응할 수 있는 것이 아니기 때문이에요. 해양 생물 중에서 특히 탄산 칼슘 골격을 가지는 생물들은 산성화되는 해수에 뼈가 녹아 적응하지 못하고 생존 자체를 위협받고 있어요.

특히 현재와 같이 pH가 계속 빠르게 감소하면 열대 해역의 산호는 앞으로 모두 사라지게 될 것이라고 하는데, 오늘날 산호 생태계에 의존하는 인구가 수억 명이나 된다는 점을 생각해 보면, 해양 산성화는 인류에게도 큰 위협이지요.

산호초는 전 세계 해저 면적의 불과 0.2%만을 차지하나 전체 해양 생물의 25%가 여기에 의존해서 살아갈 정도로 아주 중요한 서식지입니다. 산호초가 사라지면 수많은 해양 생물들이 살 곳을 잃게 되는 셈이지요. 오늘날 기후가 변화하며 산호초가 빠르게 사라지고 있는데, 2009년부터 2018년까지 10년 동안 세계 산호초의 14%가 사라졌다는 연구 결과가 보고되었어요.

해양 산성화가 진행되면서 이미 성게, 홍합, 굴, 산호, 게 등 수많은 해양 생물의 성장, 발달, 그리고 생존까지 큰 문제를 겪고 있는데, 앞으로 이러한 추세를 바꾸기는 어려울 것으로 보여요. 해양 산성화가 진행되는 걸 막을 수는 없지만 그 속도를 줄여 우리가 적응하도록 하려면 무엇보다 대기 중의 이산화 탄소 양을 줄여야만 하지요. 그래서 세계 여러 나라가 이산화 탄소를 줄이기 위해 여러 협약을 맺고 있어요. 과학자들도 전 세계 곳곳의 바다에서 나타나고 있는 해양 산성화를 계속 연구하고 있어요.

35

해양 생물은 기후가 바뀌어도 괜찮을까?

기후가 변화하면서 육상 동식물의 서식지가 바뀌는 큰 변화를 볼 수 있는데, 과연 해양 생물의 서식지는 바뀌지 않을까요? 서식지가 바뀌어도 해양 생물은 잘 적응할 수 있을까요? 기후 변화로 나타나는 각종 해양 환경 변화 속에서 해양 생물과 해양 생태계는 어떤 영향을 받게 될까요?

기후 변화로 인해 해수의 수온, 용존 산소, pH 등이 변하는 것은 해양 생물이 살아가는 환경이 바뀌는 것을 의미하지요. 바뀌는 환경에 잘 적응하는 생물이 있는가 하면 그렇지 못한 생물도 있어서 기후 변화는 해양 환경뿐만 아니라 해양 생물과 해양 생태계 전반의 변화를 가져옵니다. 실제로 앞에서 이야기한 열대 산호초를 비롯한 수많은 해양 생물종은 이미 기후 변화로 인한 해양 환경 변화에 심각한 피해를 받는 중이라고 해요.

» 온난화로 « 전반적인 해수의 수온 상승

기후 변화와 함께 오늘날 나타나고 있는 해양 환경의 변화는 총체적으로 발생하지만 대표적으로 온난화, 저산소화, 산성화의 3가지를 꼽고 있어요. 앞에서 이야기한 것처럼 비열이 커서 쉽게 온도가 변하기 어려운 해수의 수온이 오늘날 기후 변화로 해양에 축적된 엄청난 양의 열에너지 때문에 오르고 있어요. 이처럼 전반적인 해수의 수온 상승 현상을 온난화라고 하지요.

온난화로 해수의 수온이 오르면서 열팽창을 통해 해수면이 상승하고, 수온이 높은 해수가 빙하를 녹여 더욱 해수면을 오르게 하며, 웜풀을 확장하여 태풍의 특성을 바꾸기도 하는 등 여러 문제를 일으키지만, 온난화는 해양 생태계에도 지대한 영향을 미치게 됩니다. 온난화가 진행되면서 곳곳에서 해양 열파라 불리는 유난히 높은 수온의 고수온 현상이 점점 더 자주 출현하고 심각한 해양 생태계 피해를 가져오는데, 수많은 해양 생물이 온도라는 환경에 매우 민감하게 반응하기 때문이지요.

》해양 내《 용존 산소 농도 감소

전반적인 해수의 수온이 오르고 있는 것과 동시에 해양 내 용존 산소 농도가 지난 수십 년 동안 계속 감소하고 있는데, 이러한 저산소화도 심각한 해양 생태계 문제로 알려져 있습니다. 특히 대부분의 동물들은 호흡을 위해 산소가 필수적이므로 해수에 녹아 있는 산소 농도가 전반적으로 낮아지는 저산소화로 인해 많은 피해를 입고 있어요. 곳곳에서 '죽음의 바다(dead zones)'로 불리는 산

소 고갈 상황이 점점 더 자주 나타나면, 수천 마리의 해양 생물이 집단 폐사하는 등 해양 생태계에 심각한 피해를 가져오게 될 것이 분명합니다.

용존 산소 농도가 낮아지는 환경에 잘 적응하는 생물은 오히려 경쟁에서 우위에 놓여 번성할 수 있는 반면 그렇지 못한 생물종은 도태되거나 심한 경우 멸종할 수도 있으니 해양 생태계 변화를 피할 수가 없겠지요.

》해양 산성화,《 해수의 pH가 낮아지는 현상

해양 산성화 역시 앞에서 이야기한 것처럼 산호 생태계 붕괴 등 심각한 문제를 가져올 것으로 과학자들이 진단하고 있어요. 과학자들은 현재와 같이 대기 중 이산화 탄소 농도가 증가하면 21세기 말에는 해수의 pH가 0.2~0.4 정도 낮아져서 해양 산성화를 심하게 겪을 것으로 보고 있어요.

탄산 칼슘 골격을 가지는 산호, 성게, 굴 등은 골격이 녹아 없어지므로 생존이 어려워져요. 음파 흡수율도 낮추기 때문에 선박 소음 등이 음파로 소통하는 고래 등의 해양 포유류에게까지 지장을 준다고 해요.

해양 산성화는 전반적인 해양 생물의 호흡과 생리에도 영향을 미칩니다. 수산 자원 피해가 산호초 파괴만 하더라도 2100년까지 약 1조 달러, 어패류 피해는 약 3천억 달러에 이를 거라고 해요. 또 해양 산성화가 진행되면서 대기 중 이산화 탄소를 흡수해 주는 해양의 완충 능력 자체가 줄어들고 있어 과거에 비해 대기 중 이산화 탄소 농도가 더 빠르게 증가할 수 있는 환경으로 변하는 점도 큰 문제라고 지적할 수 있습니다.

36

바닷속 미세한 움직임이 거대한 순환을 좌우한다고?

만약 따뜻한 표층 해수와 차가운 심층 해수가 순환하여 서로 섞이지 않으면 어떻게 될까요? 해양 과학자들은 해수를 흔들어 섞어 주는 미세한 움직임과 해류를 따라 흐르는 거대한 순환을 어떻게 이해하고 있나요?

혼돈 이론(카오스 이론)에서 초깃값의 미세한 차이에 의해 완전히 다른 결과를 가져오는 현상을 '나비 효과(butterfly effect)'라고 합니다. 원래 이 표현은 미국 기상학자 에드워드 노턴 로렌즈가 1972년 미국 과학부흥협회의 한 강연에서 발언한 "한 브라질 나비의 날갯짓이 미국 텍사스에 돌풍을 일으킬 수도 있는가?"에서 유래하지요. 그런데 굳이 혼돈 이론을 이야기하지 않더라도 과학자들은 작은 규모의 난류 혼합과 같은 미세한 움직임이 거대한 해양 순환과 밀접하게 관련이 있음을 알아냈어요.

그린란드나 남극 대륙 주변 해역과 같은 고위도 해역에서는 심한 냉각으로 해수가 차가워지고, 해빙이 만들어지며 빠져나온 소금이 해수의 염분을 높이면서 표층 해수의 밀도가 증가하고 심층 해수가 생성됩니다.

만약 이 차가운 심층 해수가 저위도 해역으로 이동하여 상층에 있는 고온의 해수와 전혀 섞이지 않는다면, 해양 순환이 일어나기 어렵습니다. 이 경우 고위도에서는 계속 심층 해수가 생성되나 저위도에서는 표층 해수가 가열만 되고 차가운 심층 해수와 혼합되어 냉각되지 않기 때문에 수온 차가 커지며 저위도 표층 해수의 수온이 무한히 올라가야 하지요. 그러나 실제로는 저위도 표층 해수가 계속 가열되며 수온이 증가하는 것이 아니라 거의 일정하게 유지되고 있으므로 차가운 심층 해수와 계속 혼합되며 냉각되고 있다는 것을 알 수 있어요.

» 바람과 조석이 «
해수를 뒤섞어 줘

이처럼 심층의 차가운 해수가 따뜻한 표층 해수를 식혀 주는 혼합 과정은 미세한 난류 규모에서 벌어지는 현상인데, 이렇게 작은 규모로 발생하는 현상이 거대한 규모의 해양 순환을 유지하는 원동력이라는 점이 놀랍지요. 따뜻한 해수와 차가운 해수가 잘 뒤섞일 수 있도록 흔들어 주는 에너지는 주로 해상풍과 조석에 의해 공급되는 것으로 알려져 있어요.

즉, 해상풍에 의해 해수면에 가해진 응력이 해양 내부에서 해수를 뒤섞는 혼합 에너지로 사용되고, 달-태양-지구 사이의 상대적인 움직임에 따라 발생하는 조석도 지속적인 해수의 혼합을 만드는 에너지원이 되어요. 특히 이들은 앞에서 이야기했던 것처럼 내부파를 생성시키는 원동력이기도 하지요.

해양 내부에서 작은 규모의 미세한 난류 운동이 심층의 차가운 해수와 상층의 따뜻한 해수를 지속해서 뒤섞어 주지 않으면 오늘날 컨베이어 벨트 순환으로 불리는 해양의 대순환은 만들어질 수 없어요. 그야말로 나비의 날갯짓과도 같은 난류 혼합 등의 미세한 움직임이 거대한 해양 순환을 좌우하는 셈이지요. 따라서 바람과 조석에 의해 언제 어디에서 내부파가 만들어져, 언제 어디로 전파하고 소멸하여 난류 혼합 에너지를 증폭하는지를 조사하는 것은 해양의 대순환과 기후를 연구하기 위해서도 중요합니다.

37

해양이 기후 조절자로 불리게 된 이유는?

기후 변화로 해양 환경이 변하고 있어서 해양 생태계에 영향을 주는 점은 알겠는데, 그럼 반대로 변화하고 있는 해양 환경이 다시 기후에 영향을 주기도 할까요? 해양과 기후는 서로 어떤 관계가 있을까요? 해양이 기후를 조절한다는 것은 무슨 말일까요?

해양이 기후 조절자로 불리는 이유는 해양이 기후 변화에 매우 민감하게 반응하고 또 반대로 기후 변화에 심대하게 영향을 미치기 때문이에요. 산업화 이후 강화된 온실 효과에 따른 지구 온난화로 지구에 축적된 열에너지의 대부분(90% 이상)이 흡수된 해양에서 해수의 수온이 오르고(온난화), 용존 산소 농도가 감소하며(저산소화), 용존 탄소 농도는 증가하는(산성화) 변화가 나타나고 있는 것은 해양이 기후 변화에 민감하게 반응하는 모습을 그대로 보여 주는 것이지요.

그런데 이처럼 많은 열에너지가 새로 축적된 해양에서 서로 다른 수온의 해수가 해류를 따라 이동하며 열에너지를 한쪽에서 다른 쪽으로 전달하면서, 어떤 곳에서는 대기로 열을 방출하고 또 다른 곳에서는 대기로부터 열을 흡수하고 있어서 지구의 기후도 그 영향을 받지 않을 수가 없어요.

특히 열대 태평양과 열대 인도양에서는 웜풀이라고 하는 수온이 매우 높은 해수로 채워진 영역이 있는데, 기후 변화로 웜풀 해역의 면적이 과거에 비해 점점 더 증가하면서 열대 인도-태평양의 대기 순환도 변화시키는 중이에요.

웜풀 해역은 항상 일정한 형태를 유지하는 것이 아니라서 무역풍의 강약 변화에 동반되어 그 위치와 두께 등의 변화를 겪어요. 특히 열대 태평양에서 무역풍이 약화하면서 웜풀 해역이 동쪽으로 확장하여 동태평양이 평년에 비해 유난히 따뜻해지는 현상을 엘니뇨(El Niño)라고 부르지요.

》 폭염과 산불, 폭우와 홍수를 불러오는 《 엘니뇨 현상

엘니뇨가 발생하면 평소에 비가 많이 오던 인도네시아와 동남아시아 지역은 건조해져서 폭염과 산불에 시달리고, 반대로 비가 잘 오지 않던 페루와 미국 캘리포니아 지역은 폭우와 홍수에 시달리게 되는데, 이러한 기상 이변이 웜풀의 움직임과 밀접히 관련되어 있어요.

열대 태평양에서 무역풍이 강화하면서 웜풀 해역이 더욱 서쪽으로 밀려가면 반대로 열대 서태평양 쪽에 비가 더 많이 오며, 동태평양 쪽은 건조해지는데, 이것은 라니냐(La Niña)라고 불러요. 열대 인도양에서도 비슷하게 웜풀 해역의 움직임에 따라 서인도양과 동인도양에 폭염, 폭우, 가뭄, 산불 등의 기상 이변을 가져오게 되지요.

그런데 기후 변화로 웜풀 해역의 면적이 증가하고 웜풀 해역 내 해수의 수온도 증가하기 때문에 전통적인 엘니뇨와는 또 다른 새로운 종류의 엘니뇨가 나타난다고 해요. 이처럼 기후가 변화하며 열대 태평양과 열대 인도양 웜풀 해역에서의 해수 수온 분포가 변화하면, 전 세계 기후가 요동치며 곳곳에서 이상 기후를 경험하게 되기 때문에 해양이 기후를 조절한다고 하는 것이랍니다.

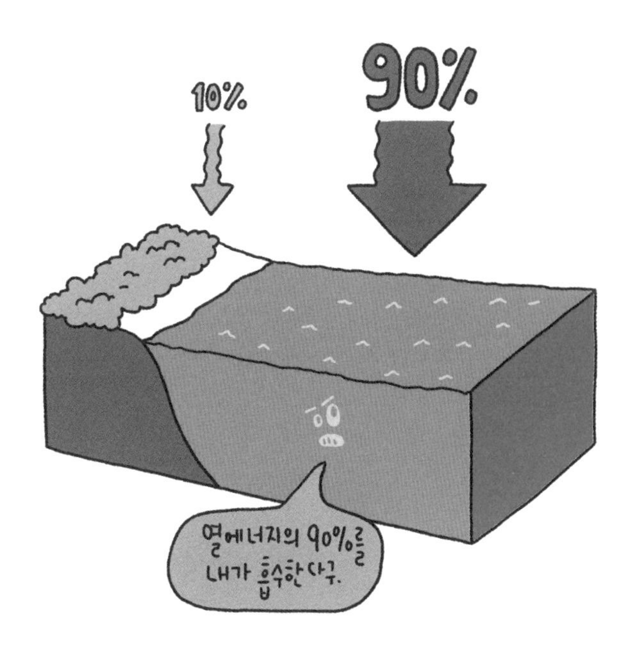

» 심층 해수 생성과 « 해양 순환이 멈추면?

지구의 기후는 해양과 대기의 순환을 통해 저위도의 남는 열을 고위도로 전달해 주어야 적절하게 유지될 수 있는 것인데, 만약 해양 순환에 문제가 생겨 고위도로 열이 잘 전달되지 않으면 어떤 일이 벌어질까요? 앞에서 기후가 변화하며 해수의 수온이 오르고 해빙이 형성되지 않아 심층 해수가 생성되지 않는 문제를 이야기했지요. 영화 〈투모로우(2004)〉에서는 심층 해수 생성과 해양 순환이 완전히 멈추는 극단적인 상황을 묘사했어요.

이 영화에서는 대서양 심층 해류가 약화하고, 북반구 고위도에 열 공급이 잘 이루어지지 않으면서 북반구에 빙하기가 도래한다는 설정으로 주인공들의 모습을 묘사했지요. 이 영화가 제작되기 직전에 대서양에서 수십 년 동안 심층 해류가 약해지고 있음을 관측한 연구 결과가 학계에 보고되었어요. 기후를 조절하는 해양의 역할을 잘 보여 준 연구 결과로서 영화 〈투모로우〉의 모티브가 되었다고 해요.

38

바다는 어떻게 태풍을 조절할까?

태풍은 강풍과 호우를 몰고 오는 대기 현상이 아닌가요? 그런데 태풍을 조절하는 것이 사실은 바다라고요? 그렇다면 바다는 어떻게 태풍을 조절하는 것일까요? 태풍은 어떻게 만들어지고, 어떻게 이동하며, 태풍의 강약을 조절하는 요인은 무엇일까요?

태풍은 중심 부근으로 수렴하며 상승하는 기류에 의해 중심 부근에서 강풍이 불고 많은 구름을 동반하며 호우를 몰고 오는 기상 현상입니다. 그러나 사실 태풍은 바다에서 에너지를 얻어야만 만들어질 수 있어요. 바다, 특히 수온이 높은 열대 바다 없이는 태풍이 아예 만들어질 수 없지요.

태풍의 에너지원은 열대 바다에서 증발한 수증기가 응결하면서 나오는 잠열(숨은열)이에요. 해표면 수온이 높아 증발이 활발한 바다 위에 머물면서 계속 에너지를 공급받으면 강화될 수 있지만, 반대로 해표면 수온이 낮은 바다를 지나가거나 육지에 상륙하게 되면 에너지를 공급받지 못해서 약화합니다. 따라서 태풍을 만드는 것도, 조절하는 것도 사실은 모두 바다라고 할 수 있어요.

태풍(typhoon)은 동아시아를 비롯한 서태평양 일대에서 부르는 지역적인 이름이고, 동태평양이나 대서양에서는 허리케인(hurricane), 인도양과 남반구에서는 사이클론(cyclone)이라고 불러요. 이렇게 지역적으로 이름은 다르지만 열대성 저기압(tropical cyclone)이라는 동일한 현상을 의미합니다.

열대성 저기압은 웜풀 해역과 같은 열대 바다에서 에너지를 공급받아 만들어져요. 열대 해역은 동에서 서로 부는 무역풍이 우세하기 때문에 중위도 쪽으로 북상(남반구에서는 남하)하면서 서쪽으로 치우치는 과정에서 사람들이 사는 육지에 상륙할 수 있어요. 더 중위도 쪽으로 북상하여 서에서 동으로 부는 편서풍 영향을 받으면, 동쪽으로 치우치며 경로를 변경하는 과정에서 상륙하기도 하지요.

따라서 어떤 태풍은 필리핀과 대만 등에 상륙하지만 다른 태풍은 한국, 중국, 일본 등 동아시아 국가에 상륙할 수 있어요. 우리나라에도 평균적으로는 2~3개의 태풍이 매년 상륙하는데, 해마다 편차가 커서 어떤 해에는 단 한 개의 태풍도 영향을 미치지 않고 넘어가지만, 또 다른 해에는 10개 이상의 태풍이 영향을 미치기도 하지요.

» 웜풀 해역이 넓어져 «
슈퍼 태풍을 경험하게 될 것

기후가 변화하여 웜풀 해역의 면적도 점점 넓어지고 있으며, 웜풀 해역 내 해수의 수온도 증가하고 있으니 앞으로는 더욱 위력적인 태풍(흔히 슈퍼 태풍이라고 부름)을 경험하게 될 것으로 전망됩니다. 웜풀 해역의 면적이 넓어지면서 필리핀 앞바다까지 수온이 높아지고 있는데, 태풍이 필리핀 부근을 지나며 급격히 강화되는 경우에는 3일 만에 한반도를 강타할 수 있어요. 자칫 충분한 대비를 하지 못하는 경우 한반도에 엄청난 피해를 주었던 2002년 태풍 '루사'나 2003년 태풍 '매미' 상륙 당시와 같은 손실이 발생할 수도 있어요. 이 두 태풍은 상대적으로 수온이 높은 제주도 동쪽 바다를 지나며 북상하고, 한반도 남해안에 상륙했다가 동해안으로 빠져나간 거의 동일 경로를 보였어요.

» 차가운 바다에 의해 «
태풍이 급격히 약화

반대로 차가운 바다에 의해 태풍이 급격히 약화한 경우들도 있는데, 2018년 태풍 '솔릭'이 대표적인 사례라고 할 수 있어요. 태풍 솔릭이 동중국해에서 한반도 쪽으로 북상하고 있을 당시 따뜻한 바다로부터 에너지를 얻으며 계속 강해져서 모두 긴장했습니다. 심지어 휴교, 휴업 관련 국민 청원이 잇따르며 교육부와 전국 각지의 교육청에서 8월 23일 임시 휴교까지 결정했었지요. 그런데 태풍이 접근하며 제주 등지에서는 피해가 있었지만, 한반도 상륙 시에는 완전히 위력을 잃어버린 후라 태풍 강도에 대한 과대 예보가 논란이 되었어요.

그 후에 해양 과학자들이 태풍 '솔릭' 사례를 연구한 결과, 제주도 서쪽 바다를 지나며 상륙 직전 급격하게 약화한 원인이 바다에 있었다는 것을 밝혀냈어요. 제주도 서쪽 바다의 하층은 수온이 매우 낮은 수괴로 채워져 있고 해표면 부근만 여름철에 대기로부터 열을 흡수하여 수온이 높은 상태인데, 태풍이 동반하는 강풍에 의해 상층의 따뜻한 해수가 하층의 차가운 해수와 혼합되어 해표면 수온이 크게 낮아져 태풍을 급격히 약화시켰어요.

이처럼 기후 변화에 따라 웜풀이 확장하며 더욱 위력적인 태풍을 가져온다고 전망하는 것도, 제주도 서쪽 바다를 통해 한반도로 오던 태풍이 갑자기 약해져서 위력을 잃어버린 것도 모두 바다가 태풍을 조절하는 중요한 역할을 담당하고 있음을 잘 나타냅니다.

39

극심한 한파도 결국 바다 때문이라고?

앞에서 폭우, 홍수, 폭염, 가뭄이 모두 바다와 관련 있다는 것을 이야기했는데, 극단적으로 기온이 떨어지는 한파나 많은 눈이 내리는 폭설이 찾아오는 것도 바다와 관련 있을까요? 어떻게 바다의 환경이 한파나 폭설도 불러올 수 있는 것일까요? 기후 변화로 지구 온난화가 생기고 있는데 왜 한파가 찾아올까요?

해양이 기후를 조절하는 사례는 앞에서도 이야기했듯, 열대 태평양과 열대 인도양의 웜풀과 관련되어 대기 순환이 완전히 바뀌어 버리며 전 지구적인 물 순환을 교란하는 데서 볼 수 있습니다. 그래서 평년에 비가 잘 오지 않던 곳에 비가 많이 와서 폭우와 홍수를 가져오는가 하면, 반대로 비가 많이 오던 곳이 건조해지며 폭염과 가뭄에 시달리기도 하는 등 각종 이상 기후를 만들게 됩니다. 해양이 이상 기후를 만드는 사례는 그 외에도 많은데, 북극해에서 해빙이 사라지며 빠르게 온난화가 진행되는 것도 그중 하나지요.

북극은 북극해라는 바다로 되어 있지만 기온이 낮은 결빙 해역이라 해빙이 잘 만들어집니다. 그런데 기후 변화로 열에너지가 축적되면서 해빙이 녹아 사라지고 있어 해빙으로 덮인 면적이 점점 줄어들고 있어요. 얼음으로 된 해빙은 태양빛을 잘 반사하기 때문에(알베도★가 높음) 해빙 면적이 줄어들면 더욱 많은 태양 복사 에너지가 북극해에 그대로 흡수됩니다(알베도가 낮아짐).

더 많은 태양 복사 에너지가 흡수된 북극해에서는 수온이 더 빠르게 상승하므로 해빙을 더 잘 녹이게 되니, 다시 알베도를 낮춰 태양 복사 에너지를 더 많이 흡수하여 수온을 상승시키는 과정

★ 중성자가 물체에 쬐여졌을 때, 중성자가 들어간 면을 통하여 되돌아 나올 확률. 물체에 입사한 전체 중성자 수에 대한 반사되어 되돌아 나온 중성자 수의 비율이다. 지구 과학에서는 태양 빛의 반사율을 말한다.

이 강화될 수 있어요(이를 '아이스-알베도 피드백 메커니즘'이라고 부름). 다른 바다보다도 오늘날 북극해에서 유독 매우 빠른 온난화가 진행 중인 이유를 과학자들은 이 아이스-알베도 피드백 메커니즘으로 설명하고 있어요.

》 북쪽의 알래스카보다 《 남쪽의 텍사스가 더 추워진 이유

그런데 북극해가 이처럼 빠르게 온난화되는 과정에서 적도 부근의 열대 바다와 북극 사이의 온도 차이가 점점 줄어드는데, 극지

| 제트 기류 약화 현상 |

방과 적도 지방의 기온 차이가 줄어들면 중위도 상공에서 서에서 동으로 흐르는 제트 기류를 약화하게 됩니다.

제트 기류가 약해지면 그 경로가 구불구불해지면서 사행하게 되는데, 북반구 중위도의 제트 기류가 남쪽으로 많이 치우쳐 지나가는 곳에서는 북극 주변에 가두고 있던 냉기가 중위도에까지 영향을 미쳐 극심한 한파와 폭설을 가져오기도 하지요. 이것이 흔히 '북극 한파' 또는 '북극발 한파'라고 부르는 현상이에요.

2021년 겨울에는 북쪽의 알래스카보다 남쪽의 텍사스가 더 추워지며 수억 명의 사람들이 정전 등의 피해를 입었는데, 이 또한 북극 한파와 무관하지 않다는 것이 밝혀졌어요. 지구 온난화인데 왜 추운지를 이야기하는 것은 북극 한파와 같은 과정을 잘 이해하지 못해서 하는 질문일 것입니다. 실제로는 오히려 지구 온난화 때문에 중위도에 극심한 한파가 찾아와서 더 추워질 수도 있다는 것이지요. 이렇게 북극해에서 벌어지는 온난화가 중위도에 사는 사람들에게까지 이상 기후로 영향을 미치니 과학자들이 해양의 기후 조절 능력에 주목하지 않을 수 없겠지요.

» 겨울철 폭설도 « 바다의 영향

우리나라가 위치한 한반도 주변은 황해와 동해 등의 바다로 둘러싸여 있다 보니 여름철 강우뿐만 아니라 겨울철 폭설도 바다의 영향을 크게 받고 있어요. 특히 겨울철 북서 계절풍을 타고 대륙의 차가운 기단이 황해로 확장하는 과정에서, 상대적으로 따뜻한 황해로부터 수증기를 많이 공급받으면 다습해진 상태로 한반도에 눈을 많이 공급하는 경우가 발생해요.

또 동해에서는 동한 난류(East Korea Warm Current)라는 해류에 의해 따뜻한 해수가 동해안에 잘 수송되며 겨울철 해상풍이 북서풍에서 북동풍으로 잘 바뀌는 해에 영동 지방에 폭설이 잘 발생하는데, 이 또한 동해상에서 수증기를 잔뜩 머금은 바람이 영동 지방에서 지형적인 영향으로 상승 기류를 발달시켜 구름이 많아져 폭설이 내리는 것이라고 하지요. 이처럼 한파와 폭설 모두 바다 환경을 잘 모르면 언제, 어디에서, 어떻게 이들이 발생하는지, 미래에 어떤 변화를 겪게 될지 예측하는 것이 불가능해집니다.

40

남극에 '운명의 날 빙하'가 있다고?

앞에서는 북극해에 존재하는 해빙 이야기만 했는데, 빙하는 북극해에만 있는 것이 아니잖아요. 지구상 빙하는 주로 어디에 있으며, 이 빙하가 모두 지구 온난화로 녹아 사라지는 중일까요? 남극 대륙 빙하는 바다 때문에 사라지는 중이라던데, 빙하가 사라지면 무슨 일이 생길까요?

북극해에 있는 해빙처럼 육지로 된 남극 대륙 주변 연안에도 해빙이 만들어지고 사라지기를 반복하고 있어요. 사실 바다에 있는 해빙과 육상의 고산 지대 등에 있는 만년설과 같은 빙하는 전체 빙하에서 차지하는 비율이 얼마 되지 않아요. 지구상 대부분의 빙하는 그린란드와 남극 대륙에 빙상 형태로 존재하고 있지요.

》심각한《 해수면 상승

과학자들은 인공위성 원격 탐사 방법으로 2002년부터 그린란드 빙상과 남극 대륙 빙상의 두께를 지속적으로 감시해 오고 있어요. 지구 온난화에 따라 빙상의 두께가 점점 얇아지고 있다는 점을 알게 되었지요. 특히 그린란드와 남극 대륙의 가장자리에서는 종종 빙하가 쪼개지고 바다로 떨어져 나가며(이렇게 떨어져 나간 빙하 덩어리는 바다에 떠다니는데, 유빙이라고 부름) 빠르게 소실되는 중입니다.

그린란드와 남극 대륙에서 전체적으로 사라지고 있는 빙하 손실량은 각각 연간 2810억 톤, 1250억 톤에 달하는데, 전 세계 인구 77억 명으로 나누면 1인당 매년 36톤, 16톤에 해당하니, 이것은 전 세계 인구가 매달 그린란드와 남극 대륙에서 각각 3톤과 1.3톤씩의 빙하를 없애고 있다는 이야기가 되지요.

그린란드와 남극 대륙 빙상이 바다로 사라지는 문제는 해빙이 녹는 것과는 또 다른 차원의 문제를 가져오는데, 바로 해수면 상승입니다. 오늘날 전 지구 평균 해수면은 수십 년째 계속 상승하고 있는데, 해빙이 녹는 것은 큰 영향을 미치기 어렵지만 육상에 있던 빙하가 바다로 흘러나와 녹는 것은 해수면을 그대로 높이므로 해수면 상승을 가속하지요. 평균 해수면은 해수의 수온이 오르면서 열팽창 때문에 부피가 증가하고 있는데, 육상에 있던 빙하가 계속 바다로 많이 유출되어 해수의 부피뿐만 아니라 질량 자체도 증가하기 때문에 해수면 상승이 가속화되는 것입니다.

» 스웨이츠 빙하는 « 유독 빠르게 사라져

현재 남극 대륙 빙상은 그린란드 빙상보다 천천히 녹고 있지만 빙하 총량이 월등히 많아서 주목받고 있어요. 특히 해수면 상승 문제와 관련해서 남극 대륙 빙상이 모두 녹아 사라지면 전 지구 평균 해수면이 무려 58미터나 상승하게 됩니다. 서울의 평균 고도가 50미터라고 하니 서울도 절반 이상은 잠기게 된다는 의미이지요.

물론 수천 미터나 되는 두께의 거대한 남극 대륙 빙상이 쉽게 사라질 가능성은 거의 없지만, 과학자들이 관측을 시작한 이후 지난 수십 년간 지속해서 사라지고 있는 빙상을 잘 감시하는 일은 매우 중요해졌습니다. 특히 가장자리를 따라 전체적으로 빙하가 사라지고 있는 그린란드와 다르게 남극 대륙에서는 특정 빙하가 유독 빠르게 사라지는 중이에요. 바로 '스웨이츠 빙하'라고 불리는 빙하인데, 그린란드에서보다도 더 높은 손실량을 보이고 있

| 스웨이츠 운명의 날 빙하 |

어요.

빙하가 바다로 흘러나오며 바다 위에 떠 있는 부분은 빙붕(ice shelf)이라고 부르는데, 스웨이츠 빙붕은 다른 빙붕에 비해 더 빠르게 바다로 유출되고 있어요. 과학자들은 그 원인이 남빙양에서 남극 대륙 쪽으로 유입되는 따뜻한 환남극심층수 때문임을 알게 되었지요. 환남극심층수는 해수의 어는점보다 높은 수온을 가지고 있어서 빙붕 아래쪽을 통해 빙하 아래쪽으로 파고 들어가며 빙하를 녹이는데, 마치 모래사장에서 두꺼비집 게임을 하는 것처럼 아래쪽에서 계속 깊게 파고 들어가면 전체가 무너져 내릴 위험이 있겠지요. 이렇게 따뜻한 환남극심층수가 계속 빙하 아래로 파고 들어가다가 급작스럽게 스웨이츠 빙하가 와르르 무너져 전체 빙상 덩어리가 바다로 쏟아져 나올 상황을 우려하는 것이에요.

더구나 이 스웨이츠 빙하는 남극 대륙 서부(서남극이라고 부름)에 있는 거대한 빙상 전체가 바다로 유출되는 것을 막는 코르크 마개와 같은 역할을 담당하고 있어요. 스웨이츠 빙하가 돌발 붕괴하여 그 안쪽의 서남극 전체 빙상이 모두 흘러나오게 되면 해수면 상승을 급가속하여 전 세계적인 피해가 발생할 수 있지요. 과학자들이 이 스웨이츠 빙하를 '운명의 날 빙하(doomsday glacier)'라고 부르며 활발한 국제 공동 연구를 추진하고 있는 것은 바로 이런 이유 때문입니다.

질문하는 과학 10
남극에 '운명의 날 빙하'가 있다고?

초판 1쇄 발행 2022년 11월 21일
초판 2쇄 발행 2024년 4월 30일

지은이 남성현
그린이 이크종
펴낸이 이수미
편집 이해선
북 디자인 신병근, 선주리
마케팅 김영란, 임수진

종이 세종페이퍼 인쇄 두성피엔엘 유통 신영북스

펴낸곳 나무를 심는 사람들
출판신고 2013년 1월 7일 제2013-000004호
주소 서울시 용산구 서빙고로 35 103동 804호
전화 02-3141-2233 팩스 02-3141-2257
이메일 nasimsabooks@naver.com
블로그 blog.naver.com/nasimsabooks
인스타그램 instagram.com/nasimsabook

ISBN 979-11-90275-84-2
979-11-86361-74-0(세트)